TALK-
Landscape Architects
and
Landscape
Architecture Design

听，造景者说

《景观实录》编辑部／编

李婵／译

辽宁科学技术出版社

序言 1
FOREWORD 1

我们需要确立的事实是，景观设计师作为空间知识分子的重要组成，正在成为一支重要的文明塑造力量。

空间知识分子这个词是我本人杜撰的，相对于传统人们熟悉并且认可度颇高的人文类和科技类等类型的知识分子而言，我们所说的空间知识分子至少有两点特征，一是他们的工作围绕设计这种重要的创造性活动，二是他们肩负着人类空间生存环境的营造使命。为什么要造出空间知识分子这个词？造词的目的，是人们总体低估了这个人群对于社会和文明的价值和意义，更多的时候，人们仅仅以专业人士视之，在城市化发展迅猛，环境问题日益尖锐、人地关系恶化……此等问题已经完全无法回避的今天，关于这方面的文明或者思想成就已经不是人文和科技类知识分子能够驾驭胜任，驰骋疆场的事情了。人类的空间文明（规划、建筑、景观、室内……）应由空间知识分子去思考、设计以及实现完成，由空间知识分子写就在人类所生存的各种空间环境本身之上：建筑或者广场上，街道或者河道上，湿地或者雨水花园上……空间知识分子们筹划和操作包括规划、建筑、景观、室内等空间领域或者议题。这些事情虽然自古有之，但在今天，也呈现出特别令人焦虑和有所期待的双重情绪，自然资源透支且不可再生、公共空间正肩负更多的责任、第三世界环境恶化和重振……空间环境（包括城市的各种生态或者人文的努力、乡村和自然地的维系等）作为舞台正在成为当代人类思想和实践的重要领域

景观设计师的工作和思考是其中的核心内容，它是伟大的生态文明最直接的实践阵地前沿。它所面对的是大地本身。生物多样性、雨洪系统、海绵城市、野生动物栖息地、生态走廊、绿道、湿地保护、河流、水库等水体的生态恢复、棕地治愈……这些工作与人类环境的健康和人类福祉息息相关。景观设计师的工作还包含了文化、社会学以及当代艺术等许多方面，与它们有许多的交集和共鸣。许多景观设计师不仅是生态主义者，也是人文主义者，他们为大众设计，直面当代城市的社会和文化问题，既有态度，也有温度。景观设计师的许多工作也与商业计划密切

联系，他们的工作推动着众多商业项目的环境魅力和质量。毋须讳言，景观设计本身也置身市场化其中而非其外，它成为了一种生意。在市场经济中，景观设计师又是靠其专业劳动自谋生计的人群。这当然就意味着许多的机会以及许多的无奈。他们中的不少人一方面促进着商业繁荣，一方面就在商业强大的意志和特定审美趣味中，迷茫和模糊了自身。由于种种原因，中国社会，包括其精英阶层对于设计和空间文明（规划、建筑、景观、室内……）的认识是初级和幼稚的，这包括许多观念和审美的混乱以及粗鄙化倾向，存在不少误区和乖谬，这其中，景观方面存在的问题尤为突出。这与我国社会经济、文化的总体发展不相匹配，甚至于严重影响了社会的发展现状以及前景。这方面的启蒙工作是十分必要的。

毋庸置疑，对于使得外界了解景观设计师的思想和工作，以及使得景观设计师群体自身更加了解自我，使他们有觉悟和信心面对现实和未来的严峻的工作挑战，这本由全球众多优秀景观设计师侃侃而谈，汇集景观设计师“存在感”的书籍，对于社会和我们大家，都非常及时和难能可贵！

聊以为序。

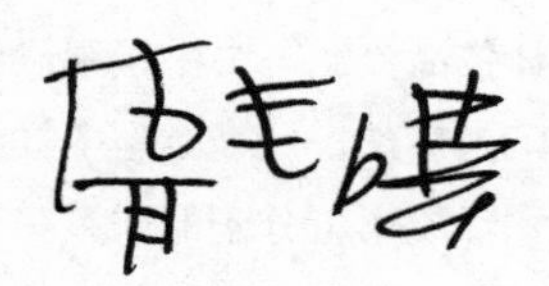

庞伟

《景观设计》学术主编／广州土人景观首席设计师／

北京土人景观与建筑规划设计研究院副院长／华中科技大学兼职教授

2016 年 4 月 5 日于柳州旅次

序言 2

FOREWORD 2

作为景观设计师，在刚刚开始这一旅程之时，很少有人会理解这一专业的深度，也很少人会了解这一门学科可以为你的人生带来无限的发展可能。

我的设计之旅是从英国启程，之后去过中东、亚洲，如今在中国。在旅程中的十多年时间，我看到了各个地区丰富又独特的文化风俗和地理环境。每一个地点、每一个设计都会产生不可替代的影响，给人一种与众不同的体验，也正是这些感受对我产生了深深的影响，让我更加热爱设计，更加坚定了我不断加强作为一名设计师的理念和价值观，并通过我的作品和我的努力积极改善环境。

每个设计师都在朝着他们漫长的、不同的旅途方向前进，在他们某一特定的领域中不断积累经验，变得更加专业。但是，不论每个人的故事会有何不同、每个人的方向会如何交错，他们之所以坚持一直在这条道路上前进的共同点是他们心中的一份热爱、一份渴求，促使他们不断的成长、学习和探索，并对改善地球环境做出积极的贡献。我相信，虽然本书中收录的每个著名设计师都有其不同的专业领域，但是他们都是因为这份信念而一直在坚持着。

这本书籍收录了近三年来对当今全球部分著名景观设计师的一系列访谈和其精彩的设计作品介绍。书中景观设计师的不同专业领域与背景，展示了景观设计范围广泛，尺度类型多样、地理位置广阔，也展示了景观与艺术、文化和环境不可分割的联系。这一系列的访谈录不仅涵盖了当今重要话题，更与全球部分最为著名的设计师进行了深层次的、坦率的对话。采访者不仅展现了设计师们最为著名的项目作品背后的故事，更展现了这些在不同领域取得卓越成就的设计师的独特看法和特点。

在访谈录中，大家会看到众多全球知名设计师的身影，例如以可持续为设计理念的 Melle van Dijk，为人而去设计具有社会责任感的现代设计大师 Chris Razzell，擅长都市生态基础设施设计的 Andreas O.Kipar，垂直绿化大师 Patrick Blanc，注重因地制宜设计出“嵌入式”游乐场景观的 Cannon Ivers，倡导生态和人性化公共空间的 Mia Lehrer。

读者在这本书中将了解是什么激励着这些知名设计师，他们的设计理念、他们如何从环境、技术、艺术和情感角度出发创造出惊喜，以及他们运用了怎样的设计手法、技巧、方式和灵感来筑成一个个项目。

这些设计师的语录或作品将会为那些立志设计、对未来环境设计充满敬意的设计师们照亮前进的方向。

我相信你也会和我一样，在这本访谈录中发现乐趣、知识以及前进的动力。

贝龙先生（Stephen Buckle）

澳派景观设计工作室（ASPECT Studios）上海工作室总监

目录 CONTENTS

序言 1 002

序言 2 004

第一章　设计是一个不断演进的过程 010

简单设计获得完美效果 012

用最少的预算取得最大的成效 020

每一个新的项目都是一次新的探险 026

让设计讲述故事 032

设计：是一种追求，亦是一种态度 036

社区公园，为大众而设计 044

每个项目本身既是机遇又是挑战 050

设计师的眼和心要常用常新 056

无处不在的景观设计 062

设计是一个不断演进的过程 068

景观要激发美感，营造人性化氛围 074

设计是一个过程，亦是一种挑战 080

第二章　设计营造自然 086

巧用自然的设计是最好的 088

可持续设计就是合理利用自然 094

设计结合自然：如何通过景观设计实现生物多样性 100

叶片的质地纹理是植栽设计中最重要的方面 106

可持续设计的目标是为生物建立良好的栖息地 110

打造屋顶生态，为野生生物提供栖息地 116

绿色屋顶：延续城市绿化面积，丰富生物多样性 126

“嵌入式”游乐场景观赋予自然更多神奇力量 130

商业区里的景观公园 136

目录

CONTENTS

第三章　每一栋建筑亦是每一处风景 144

垂直绿化即是建筑的一部分 146

垂直绿化让建筑更加完整 152

每一栋建筑亦是每一处风景 158

景观是建筑的一个侧面 166

室内景观设计师连接室内外的桥梁 174

用“生态走廊”连接城市与自然 180

植物的运用不是摆放装饰品 188

第四章：设计治愈城市 192

如何通过设计治愈一片土地 194

设计改善城市环境 200

“棕地”再认识 206

为未来的使用者而设计 216

减轻热岛效应，打造天际花园 222

为城市未来而设计 226

大型树木怎样出现在屋顶景观中 234

用可持续理念打造自给自足的活景观 240

第五章：没有水的地方就没有风景 246

水敏设计打造活力城市 248

水景是能够改善建筑体验的一个元素 254

喷泉设计师一项有趣的工作 260

没有水的地方就没有风景 266

第一章 /

设计是一个不断演进的过程

有位造景者曾说：做设计其实就是在做梦，一方面它把脑海里的虚幻变成现实，另一方面在设计过程中也总会有一种神秘的力量在指引。

一个设计作品从最初的构思到最终完成，设计者需要面对方方面面的问题，在处理问题时经常会身不由已，坚持或者妥协总会在现实与虚幻里摇摆不停，仿佛是在经历一个梦境——在其中又不在其中。

在我们与国内外著名景观设计师一起讨教景观设计时，他们在访谈中经常流露出来的感受就是设计是一个在不断演进的过程，需要在这个过程中不断应对变化完善设计细节，只有从头到尾不断地演变和推进，才能够保证结果的完美展现。

因此，从开始构思到项目最后落地，每一天都在发生着变化，且不断出现突发的状况，往往有些项目的结果与设计之初会有很大的差异，当然也有一些项目会收到意外的喜人效果。那么，同样的出发点，为何结果会差别很大？一方面在于设计者在设计过程中对于项目的把握力，另一方面就是要看设计者是否重视设计过程中的演进因素。重视过程且能够随着情况和条件的变化及时调整设计方案的设计师往往会获得较好的效果。

缺少变化的设计师是僵化和不通情理的，其设计作品也很难达到较高的水平。大量好的设计作品，其灵感也源自设计过程中不断演进时遇到的困难和瓶颈时耐心思考、绞尽脑汁的过程中迸发出来。

在接下来的本章内容里，我们精心选择了 16 位国际著名景观设计师的访谈内容，让他们为大家述说他们的设计过程是怎样不断演进以及在演进过程中是如何思考，如何感悟造景的过程。

聆听他们的倾诉，感悟他们对于景观设计的理解，一定会给您带来更多的启发和帮助。

简单设计获得完美效果

努伊 · 哈提瓦 · 苏万纳泰（Nui Ratiwat Suwannatrai）

泰国建筑师，毕业于朱拉隆功大学（Chulalongkorn University）。

2003 年至今：OPNBX 建筑事务所设计总监。

2006 年：任泰国农业大学（Kasetsart University）兼职讲师。

2006 年：任朱拉隆功大学建筑学院“设计与建筑国际讲习班”（INDA）兼职讲师，教授 “商业开发”课程。

2005 年：任孔敬大学（Khon Kaen University）讲师。

2001 年－2003 年：任新加坡大学 W 建筑事务所（William Lim Associates PTE）设计师。

1999 年－2001 年：任泰国彭世洛府那黎宣大学（Naresuan University）工学院建筑系全职讲师。

普朗 · 瓦纳普恩 · 詹帕尼卡恩（Prang Wannaporn Jenpanichkarn）

泰国景观设计师，毕业于朱拉隆功大学。

2003 年至今：OPNBX 建筑事务所设计总监。

2010 年－2014 年：任朱拉隆功大学论文指导教师。

2011 年：任泰国国立法政大学（Thammasat University）论文指导教师。

2006 年：任朱拉隆功大学景观设计系讲师。

2006 年：任泰国农业大学兼职讲师。

2005 年：任孔敬大学（Khon Kaen University）兼职讲师。

1. 清洁的饮用水在很多地方已经成为稀缺资源。您认为景观设计师能为此做些什么?

作为景观设计师，我们在各类项目中经常碰到水源稀缺的问题，大到大规模的城市规划项目，或者是中小型的商业开发项目，小到独栋别墅的小花园设计。不论规模大小，通常都需要我们与相关各方密切沟通合作。

2. 为什么说雨水管理很重要? 可持续雨水管理设计能带来哪些好处?

在过去的十年中，泰国的城市发展很快，同时也很盲目，而我们现在正在品尝苦果。泰国中心区的重要城市都是沿湄南河（Chaopraya River）开发的，运用各种技术，建造在冲积平原上。其实这样的土地更适合农耕而不是城市开发。这就是为什么我们说雨水管理对泰国来说至关重要。雨水管理所能带来的好处很多，比如说：能在适当的时间、适当的地点为农耕提供水源；能在雨季预防洪水泛滥。雨水管理不当会带来灾难，比如最近的 2010 年洪灾，以及随后几年全国各地的干旱。

3. 委托客户——尤其是私营业主——可能会担心雨水管理会耗费很大开支。您怎样说服客户在雨水管理设施上花钱?

对一个开发项目来说，雨水管理要作为一种保险和卖点来看待。只需在初期投资，之后项目的整个生命周期都能使用，尤其是水患时期。我们用一个简单的数字图表就能说服客户，图表上能够充分显示初期的少量投资能够节省未来的大量费用，因为要修复水患带来的损害需要大量的投入。另外，项目施工时就安装雨水管理设施会更容易，也更符合成本效益，而不要等项目竣工后再做。

4. 如果您接到一个资金十分有限的项目委托，在雨水管理设计上您会如何使用这笔钱呢? 有没有特别划算的方法?

跟所有其他设计元素一样，最有效的雨水管理设计往往是最简单、最被

动式的方法。我们通常在做建筑造型和空间布局的阶段就对雨水管理进行规划，让地表雨水径流通过重力的作用就能够排出项目用地之外。对于城区环境来说，应使地表雨水径流尽快从项目用地的中心区流向附近的市政排水管道。而对于乡村地区的项目来说，我们通常首先研究用地的地形地貌，然后建议把集水区设在天然地势较低的地方。这样的地方未来可能是景观环境的焦点，也可能在旱季里成为灌溉水源地。没有所谓“最划算”的方法。不同的情况需要不同的应对方案。不过我们会尽力采用最简单、被动式的设计。

5. 您做过的最成功的雨水管理设计是哪个项目?

我们做过的众多项目以不同的方式采用了不同的雨水管理设计方案。试举一例：我们在考艾（Khaoyai）做过一个规划项目，市政供水和排水系统全都没用。我们照例把地势较低的地方设为集水区，是用地中央的一个湖泊。有趣的是，在挖掘工作进行的过程中，我们不断发现天然出水点，于是不得不根据这些出水点来调整湖泊的形态。大部分雨水排放管线都将雨水导向湖泊。直到今天，也就是这个项目竣工六年后，该地的水位线仍然保持在原位，尽管当地的树木和植被不断消耗大量灌溉用水。供水来自地下井，水抽出来后，经过处理，储存在一个大型集水池中，这个集水池能利用水的自然重力将水源输送到开发区各处。

6. 着手设计一个新项目之前，您会先做哪些调研工作？调研对您接下来的设计有何影响?

我们通常首先研究用地的整体地形、坡度和水源。我们会精心制作地势模型，还会用到等高线地图，会研究用地上的既定元素，也会考虑周围的环境，确保我们在设计之前对用地的基本情况有尽量详尽的了解。事实上，如果对用地的特定情况或者约束条件不了解的话，我们会觉得很难（或者说不可能）去着手设计。有时，很简单的一件事，比如说在平

面图或者地势模型上放上一只指南针，就能引发完全不同的思考。这样的设计，可能最终呈现出来的效果看上去很简单，但是非常适合用地的基本条件，使你不免惊异，当初的看似无心之举竟能取得如此完美的效果。

7. 现在世界各地雨水花园越来越多。雨水花园有哪些重要的设计元素需要考虑?

我们更愿意把这类花园称为“水园”（Water Garden）。所谓“水园”，就是花园里留有大面积的开放式空间，呈现出裸露的地面，让雨水在土壤表面流过。这个定义同时也说出了这类花园最好的设计方法。如今，这样的花园设计只需用到很少的机械装置，确保多余的雨水径流能够在引起麻烦之前引入市政排水管道中。

8. 您建议在雨水花园中栽种哪些品种的植物?

本地植物一向是最佳选择，不仅对雨水花园，对任何类型的花园都是如此。通常来说，大部分植物不应超出在生长年龄或体量上的某些限制。工程进度计划要给植物预留出时间，植物需要时间去逐渐适应环境。

9. 能谈谈地面铺装吗? 比如关于材料选择或图案设计。

透水性铺装材料能让一部分雨水透过材料渗入地下。可以选用小块的地砖，中间留有较多间隙，不仅能透水，也比较美观。另外，我们还建议使用传统的铺装方法：在压实土壤表面松散铺设砾石，视觉效果简约而现代。带创意花纹的本地黏土砖能够平添环境的趣味性，还能让地表维持在适当的湿度，在炎热的天气里温度不会太高。这样的铺装给人的感觉也更柔和，更有质感。

10. 泰国是一个年降水量相对较高的国家。这对您的设计有何影响?

有些人认为大雨或者炎热的夏日是“坏天气”，可事实上，这都是自然现象。我们要做的是用创意的设计去利用自然现象，实现我们的目标，为人们带来美感的体验。有些很简单的东西却很关键，比如遮棚，对热带气候的环境来说就很有用。有了遮棚，不论是大雨倾盆还是炎炎夏日，人们都能利用户外空间。另一方面，只要设计师足够用心，遮棚也能成为设计亮点。

11. 您如何定义“建筑景观一体化”?

“建筑景观一体化”，对我们来说，这是自然法则，在大自然中一切就本应是和谐一体的。所有的设计都应该这样来做。

12. 作为景观设计师，您从什么人（或者什么事，比如一本书或一部电影）得到最大的启迪?

《大河恋》。[①]

注①：《大河恋》是由罗伯特·雷德福执导，布拉德·皮特和汤姆·斯凯里特等主演的怀旧文艺片，改编自诺曼·麦克林的自传体小说。

「用最少的预算取得最大的成效」

邦妮·罗伊（Bonnie Roy）

SWT 景观设计公司合伙人（SWT Design），皮德蒙特景观设计师协会会员（PLA），美国景观设计师协会会员（ASLA）。

罗伊的设计注重景观、建筑和基础设施相结合，营造和谐一体的城市环境，致力于为客户提供经济又环保的设计方案。罗伊带领她的跨学科设计团队，在项目的资料分析、标杆设定以及使用前评估和使用后评估等方面均有专业的表现。罗伊尤其注重设计给区域性环境带来的影响，这从她的设计和规划手法中就能见出。比如，罗伊侧重公众的参与，在设计过程中会寻求相关各方的意见；会分析既定环境条件；也会对设计理念一再修改。

克劳斯·劳施（Klaus Rausch）

SWT 景观设计公司高级经理，皮德蒙特景观设计师协会会员。

劳施自 1982 年起就从事景观设计与环境工程，包括 11 年的景观施工监理。专业经验在实践中不断丰富，尤其是国际化的工作经历使其受益良多——劳施曾旅居土耳其伊斯坦布尔以及德国的许多城市。

劳施在城市设计和景观设计领域的工作经验丰富多样，其中包括：地块设计、城市开发区规划、街道景观设计、粗放型与集约型屋顶绿化设计、环境影响报告等。他为 SWT 景观设计公司带来对可持续性和资源管理的强化意识。

1. 清洁的饮用水在很多地方已经成为稀缺资源。您认为景观设计师能为此做些什么?

景观设计师面临很多类型的、复杂的生态系统。项目用地的水文条件在很大程度上取决于周围环境和地区需求。我们的责任是要在创新与节水之间取得某种平衡，目的是既能满足人们的需求，又有益于当地环境。

2. 为什么说雨水管理很重要？可持续雨水管理设计能带来哪些好处?

从前未经开发的土地是以其自身方式和基础设施来处理雨水的。而作为景观设计师，我们的责任就是在开发用地上控制并管理雨水，目标是减轻对“下游”水源的不利影响。

3. 委托客户——尤其是私营业主——可能会担心雨水管理会耗费很大开支。您怎样说服客户在雨水管理设施上花钱?

根据项目所在地区会有所差异，很多项目是政府部门对雨水管理有要求。但是不论在哪，大部分的发达地区都有区域性的雨水管理体系，而项目用地的雨水管理设计也要融入这一体系。普通的地下管线工程也会很昂贵。我们会鼓励客户将雨水管理设计视为项目的景观亮点，并向他们阐述如何将这部分开支花在看得见的地方（地上）。

4. 如果您接到一个资金十分有限的项目委托，在雨水管理设计上您会如何使用这笔钱呢？有没有特别划算的方法?

如何能花费更少的预算而取得最大的成效？我们会考虑那些能对雨水的水质和水量管理起到最积极作用的技术方法，同时也要注意这类设计的视觉美观性。环保普及教育以及社区居民的参与往往受到忽视。我们越是能向公众以及我们的客户去宣传雨水管理设计的好处，我们设计出来的环境就会越得到普及、越受人期待。

5. 能谈谈地面铺装吗？或者其他设计元素，比如土壤？

雨水花园的地下排水系统以及雨水管理的各种技术措施，都需要我们特别注意土壤的组成。铺装必须达到较高渗水率，才能实现雨水最好的渗透效果，成为雨水渗透的“导管”。不论地上是什么样的设计（比如雨水花园、透水铺装等），土壤和地下基础设施对设计的成功运作起到关键作用。

6. 如何让雨水花园易于维护？

选择能够适应当地气候的本地植被，而且要既耐涝又耐旱。考虑使用矿物覆盖物，而不是有机物，因为矿物质不会那么轻易移动。要特别关注水源点和溢流的位置，才能避免设备受到侵蚀而需要替换。

7. 当地气候对您的设计有何影响？

有些问题是必须要关注的，诸如“你所做的雨水管理设计是针对什么样的降雨类型？”“预期降雨频率如何？”土壤和植物的适应性也需要考虑，选用的土壤和植物都要适合当地环境。

8. 您公司在最近的卡泰克斯公园项目中有非常出色的雨水管理设计。能详细谈谈这个项目吗？

在圣路易斯城市排水局（MSD）和设计合作伙伴的帮助下，这个项目为将当地原来的生活污水下水道改造成独立的下水道系统做出了贡献。

原来的街道针对雨水处理进行了改造，长度总计约 2.4 千米。我们在路边设置了植被过滤洼地、低于地面标高的过滤池、与地面等高的生物过滤池或蓄水池、透水铺装的停车场，停车场与这个全新的雨水排放系统相连。街道的路缘留有缝隙，雨水径流能由此排放，流入植被过滤洼地中。这些洼地内是专门配制的混合土壤，能过滤雨水中的沉积物和污染物，然后将这些物质排入排水管道下方的管线以及雨水排放系统中。

由于圣路易斯当地原有土壤的透水率很低，所以我们与圣路易斯城市排水局合作，共同开发了分层式设计和专门配制的混合土壤，以期雨水蓄水量和土壤过滤能力会有所提高。表层的种植土是沙壤土的混合物，里面含有体积不少于 35% 的干净人造沙。此外，还要保证这种混合土的饱和导水率不低于每小时 5 厘米。黏土的含量少于 10%（体积）。这层混合土下面是一层沙子和砾石，起到过滤层的作用，防止后面的所有各层堵塞。我们特别注意了土壤、沙子和砾石各层的更迭顺序，以便确保整个过滤系统功能性的完善。

我们选用了本地植物，既易于维护，抗病能力又强。莎草、当地野生禾本植物和草本植物根系都非常发达，能够强化这一植被过滤系统的滤水能力。此外，本地植物还有助于建立用地上的生物多样性，为城市环境带来四季的变化，也为附近昆虫和鸟类营造了栖息地。在行人交通繁忙的地段，我们在地下采用了结构化模块，里面填充混合土壤来过滤雨水径流，模块能跟地面铺装融为一体，也为树木根系的生长提供了足够的土壤量。这些地下模块安装在毗邻铺装路面的地方——设置行人交通动线所必须的铺装路面。安装了地下结构化模块，就无需对土壤进行夯实（即铺装路面一般所需的结构性支撑）。这些模块提供了所需的地下土壤用量，使雨水蓄水量和渗透速率达到所需要求。同时，树木根系的生长也不会受到阻碍，铺装路面上的雨水径流能够渗入排水系统中，再进行进一步的蓄水，缓缓注入雨水排放管道中。

9. 在这个项目的设计中是否用到某些特殊的技术？面临哪些挑战？

这个项目面临的最大挑战之一，也是很多繁华商业区和人口稠密的城区所面临的问题，即：在独立排水系统的设计中，如何在原有管道系统的基础上选择地下管线的位置？比如说，在一个既定商业开发区内，原有的掩埋式设备在布局上是非常密集的。因此，设计中带来的任何变化都可能对整个项目的预算和施工可行性带来巨大的挑战。

『每一个新的项目都是一次新的探险』

帕特里克·布兰克（Patrick Blanc）
植物学家、垂直花园的创造者。

教育背景
博士三年级，皮埃尔和玛丽·居里大学（巴黎六大）。
科学博士，皮埃尔和玛丽·居里大学（巴黎六大）。

工作地点
从 1982 年起，法国国家科研中心。

获得奖项
2010 年 英国皇家建筑师协会荣誉会员。
2009 年 《时代》周刊五十个年度最佳发明之一。
2005 年 建筑学院银奖。
2005 年 文学与艺术骑士勋章。

1. 设计垂直绿化项目的时候，您认为哪个环节最重要?

实际上，我不能将设计与物种的选择相分开。比如说，一个30米高的墙壁，墙壁上面是平坦的。这里共有三个层次，当然最上面的照明最强，中间少些，到底部就微乎其微了。自然风也是同样的道理。最上面的风力最强，中间减弱，底部就很少了。当水流下来的时候，也就意味着底部总是比上面潮湿，因为上面的光照更强，风力更大，况且水自上而下的流入到底部。因此，我按照这个原理来选择相适应的植物。比如说，我将会选择50个品种种植于最上面，中间50个，底部50个。我是一名生物学家，我对植物建筑做过大量研究，因此我知道植物是如何生长的，当然，同样重要的就是了解植物生长的差异性，因为当我最初种植这些物种的时候，它们都是小苗。但是等到两年、三年甚至五年之后，有一些植物还是很小，但是有些植物却长势凶猛。对于两种植物，我会将更小些的放在下面，当然如果这个植物喜光的话，我会将它放在上面。总之，我要考虑这些植物的成长过程。如果从数字方面讲，有些客户想在两个月或三个月后就见到效果，但是对于我来说，我要规划未来三年到五年的事情。最初的概念设计需要考虑很多因素，包括其生长、效果、生态条件和气候。全面考虑至关重要，如果植物长得美观且长势良好，那么其生态环境也会很好。所以我首先要在合适的地点种植合适的植物。

2. 当你接到客户项目的时候，是谁决定做什么样的项目，客户还是你自己?

这要看情况，一切皆有可能。有时候客户称呼我为建筑师。他们知道我到底想要什么，或者他们提供给我这里所有的垂直花园的形状。这对我来说很容易。作为一名建筑师，设计的项目会在很多不同的地方，比如悉尼、旧金山南部或是其他地方。有时候客户叫我过去，因为它们想要我去设计，问我喜欢从哪儿开始设计。因此我去过很多地方，而我也乐此不疲，这些地方都很有趣。他们有时知道在哪儿工作，但是他们不知道具体要做些什么。比如说，香港的符号宾馆，设计之初，室内设计师只需要在走廊尽头做一面简单的墙。我仔细研究了模型，我看见有两座十字交叉的桥梁，人们从街上来到宾馆，我还看到餐厅里面有一个垂直花园。这个地方的造型让我有了灵感，设计出由植物组成的原始造型来连接廊道和餐厅。我的设计方案十分完美，客户也很高兴。所以说，设计一个垂直花园一切都皆有可能。

3. 所以说你的设计理念都是即兴得来的?

是的，当我到一个地方的时候，我的灵感也随之而来。你看到一个空间的时候就会了解到这里能做什么的所有可能。所以很快就会冒出许多想法。当然之后我还要调整。

4. 室内和室外设计有哪些区别?

它们在很多方面都不尽相同。首先，对于室内项目来说，你从远处看通常发现其植物更短一些。通常情况下你会近距离观赏室内植物，因为你会在餐厅或是酒吧待上很长一段时间。这时，植物的形状至关重要。比如说，我从不选择大叶子植物，因为会有种进攻性。我的设计里没有太多的植物，而是各种事物组合在一起。对于室外项目来说，人们匆匆而过。所以我会针对每个物种种植更多的植物。植物的选择同样不尽相同。

对于室内设计来说，你几乎可以选择世上的任意一种植物，因为室内温度总是保持在 20 度左右。但是对于室外设计来说，当地的气候就是一个需要考虑的问题。北京冬天的气候就和香港的有所不同。因此室外项目要考虑的不仅仅是选址的问题，同样也是物种选择的问题。于我而言，选择室外项目的物种需要花费更多的时间，因为每一个新的项目都是一次新的探险或是一个新的故事。

5. 你在设计项目的时候遇到过哪些挑战或困难？

项目所在地不同，相应的挑战必然也不同。如果在一个非常寒冷的地方设计项目的时候，那么耐寒植物的选择就是一个挑战；假如在巴林或是科威特这样的地方设计项目，那么挑战就是所选的植物能否抵抗 50 摄氏度的高温；有时候项目所处之地非常昏暗，那么你就得选择需要喜阴的植物。设计的项目越多，所接受的挑战也越来越多。

6. 垂直花园给我们带来了哪些益处？

由于其保温隔热的效果，垂直花园在减少能量消耗方面十分有效，不管冬天还是在夏天。冬天可以为大楼保暖，夏天会提供天然的制冷系统。垂直花园同样也是清洁空气的有效方法。垂直花园绿植的叶子可以起到改善空气的效果，其根茎和所有的微生物都可以看作是一个面积宽广的空气清新生态系统。毛毡会从空气中吸收污染颗粒，然后慢慢将其降解和矿物质化，直至变成植物的肥料。因此，垂直花园是改善空气和水质的有效修复手段。人类可以利用垂直花园再建一个与自然环境相似的生态系统。一旦失去一块自然之地，人们可以采用这个方法来弥补自然的缺失。幸好有这些生态知识和长期的经验，人们有可能展示大自然植物景观，即使这些都是人工制作的。任何一座城市，世上任何一个角落的空白墙壁都可以改造成一个垂直花园，成为宝贵的生物多样性居所。这同样也为城市居民的日常生活增添了一份自然。

7. 你能谈谈垂直绿化的未来发展吗?

未来当然是要寻找更好的设计方案和技术。现如今，垂直花园已经成为人们关注的绿色产业。它不仅是一种商品，也是一种有生命的事物。五年前，垂直绿化还是新名词，世上除了我没有人研究垂直绿化。而现在越来越多的人都开始关注垂直绿化。所以说，垂直绿化设计的未来必定会越来越有吸引力。

8. 你对其他垂直绿化项目的设计师有哪些建议?

我认为，目前垂直绿化所面临的最大挑战在于相关的技术问题。但是，现在越来越多的技术难关都已经被攻破。无论如何，我想告诉设计师，设计理念和植物品种的选择都是至关重要的。

「让设计讲述故事」

杰里米·费里尔（Jeremy Ferrier）
澳大利亚资深景观设计师，拥有超过 26 年的从业经验。

在过去的 25 年中，费里尔一直担任杰里米·费里尔景观事务所（Jeremy Ferrier Landscape Architects Pty Ltd.）负责人，经手过景观设计领域里几乎所有类型的项目，对设计、文案、合同管理等工作都亲力亲为。费里尔杰出的设计才能在他过硬的设计团队的支持下得以更好地展现出来，多年来创作了大量优秀作品，获奖无数。他设计的项目在国内和国际的景观设计类图书上均有发表。他的作品还经常登上《澳大利亚景观》杂志（Landscape Australia）——澳大利亚景观设计师协会（AILA）的官方期刊。

1. 您认为儿童游乐空间的设计与其他类型的景观设计有何不同?

儿童游乐空间的设计与其他景观设计大体上的设计原则都是一样的。不同就在于体量上。游乐空间一般是为儿童而不是成人设计的，而且往往是年龄很小的儿童。因此，景观的体量必须适合儿童的视角。说到底，就是空间在体量上“收缩”，让孩子们感觉更亲切、更舒适、更自在。

2. 接到儿童游乐空间的设计项目后，您首先考虑的是什么?

我首先会考虑：这个空间是给谁用的？他们有什么样的需考：如何能针对项目环境的特征设计出独一无二的游不要千篇一律。

3. 安全性是游乐空间设计中的一个重要问题

我们所设计的每个游乐设施除了经过精心设

行完善，确保达到游乐空间的安全标准。

4. 除了安全之外，设计师还应注意哪些方面？比如说采光和铺装等问题。

设计师应该注意的是如何让设计做到因地制宜。你设计的空间一定要新颖，让人耳目一新，而不是看上去跟别人的差不多。你的空间可以有特别的主题，或者讲述一个故事，或者利用既定的环境特色打造与众不同的设计，这样的空间才会更有意义，带来的游乐体验也会更加令人难忘。

5. 您是如何选择游乐设施的？有什么特别的要求吗？

首先要明确该游乐空间的目标使用群体是谁，游乐设施的设计一定要适合

目标群体的特征。

6. 您如何看待色彩在游乐空间设计中起到的作用？您是如何运用色彩的？

色彩能够刺激儿童的感官，让他们更好地融入周围环境。我们会在地面铺装、雕塑造型、墙面壁画等元素中利用色彩，同时，植物叶片和花卉中也涉及色彩。

7. 在您看来，什么样的游乐空间堪称成功的设计？或者说，优秀的游乐空间应该有哪些必备元素？

成功的游乐空间会让人忍不住一再去使用、去探索，要有令人眼前一亮的视觉环境，里面的游乐设施带给我们无限的可能性，能刺激儿童的感官、好奇心和想象力。

8. 在您之前设计的游乐空间中，您最喜爱哪个项目？它成功的关键是什么？

圣公会教堂文法学校的游乐空间。我特别喜欢它那种"游戏"与"学习"合而为一、不分彼此的感觉。即使是学校里最普通的功能性设施，比如说遮阳篷和座椅，也融入了游乐空间的设计，一切都充满趣味性，所有的户外空间看起来都是整个大游乐场的一部分。

9. 您为圣公会教堂文法学校设计的游乐空间是针对多大的孩子？针对不同年龄的儿童，设计上有何不同？

使用这个游乐空间的孩子都是男孩，年龄在 8 岁到 11 岁。所以，针对目标使用群体的年龄段和性别特征，我们将操场设计得比较粗犷，适合具有挑战性的运动。

10. 您如何看待游乐空间设计的未来趋势？

我认为"自然游乐"的理念会继续发扬开来，也就是游乐空间与自然环境相结合。更进一步说，我觉得将游戏限制在环境之一隅的这种思维会逐渐消失，取而代之的是遍布城市开发脉络并融入其中的"全民游乐"潮流。

「设计：是一种追求，亦是一种态度」

米娅·莱尔（Mia Lehrer）

美国米娅·莱尔景观规划设计集团创办人，她对于各类重要的公共及私人项
的设计，使她在美国业界享有盛誉，其中包括城市复兴发展、大型城市公园
及复杂的商业项目等。莱尔女士出生在萨尔瓦多圣萨尔瓦多市，毕业于哈佛
学景观建筑研究所。今天，她的“层进式景观设计”理念广受国际关注，她
长借用天然地标，如公园、 湖泊和河流等，与她所倡导的生态和人性化的
共空间理念相结合。她认为优秀的景观设计加上可持续发展的实践具有提升
市宜居性和生活质量的力量，而且与此同时我们的环境质量也得到极大的改进

1. 您设计的“洛杉矶河复兴规划”获得了美国景观设计师协会的专业大奖。这项工程将把约52千米的混凝土堤岸变成公共绿色空间，打造了“一条生态和休闲走廊”。能详细谈谈这个项目吗？为什么说它对洛杉矶的可持续发展，对改变这座城市“以车代步”的情况至关重要？

洛杉矶河整体规划是一项基础市政工程，我们有望借机改变城市的面貌。这项工程沿河绵延约52千米，但其影响远远超过这个范围，可以说波及到河流两岸数千英里，影响到数千条街道的景观，也将影响到未来这里兴建的社区。它带动的经济发展将创造新的就业机会。这里还将兴建新的楼盘，开发多种交通方式确保出行方便。河边还开辟了自行车专用道，为人们的生活带来便利。我们发现很多人上下班通勤都用这条道路。河流覆盖地区的很多社区将改头换面——52千米的跨度意味着许多社区都将受益。

我们面临的问题是如何将这个大工程切分成具体可行的一系列设计，切实改善河岸的面貌，以期将人们从学校和图书馆中吸引到河边来。另一个问题是如何让各个部分之间更好地衔接。如何利用绿色街道来让整个河流覆盖地区改变形象？不是只简单地立起指示牌，写上“前方有河流”，而是让城市空间彻底改头换面，给人一种耳目一新的感觉。我们已经提议大面积种植悬铃木。除了防洪的任务之外，还要改善水质。未来十年，这方面的巨额罚款将越来越少。2012 年，联邦政府公布了水质标准，明确了污水排放的相关标准。任何最终流入海洋的水流都必须达到某一水质标准。政府希望新工程的开发能让水质更清洁，同时还能带来其他益处。我们现在不是在排水管终端加个过滤网这种简单模式了，而是要通过公园来实现清洁水质的目的，同时为社区带来更多的益处。这是一个规模宏大的工程，一项将带来多种益处的城市基础设施建设。

加利福尼亚的高铁项目与河岸复兴工程同时进行。所以，在高铁和河岸复兴工程之间有一种竞争和张力。理想的状况是这两个工程都能取得最大的效益。不论资金投放在哪个项目中，最终目标是让社区居民获益。我们希望对整个城市来说，不是二者权衡取其一，而是两者都兼顾。

2. 您公司奉行的“营造魅力景观”、“打造独特空间”、“应用绿色技术”的设计，其背后是什么样的理念?

我们致力于打造深深植根于大自然的建筑景观，突出某些价值取向（如可持续发展），同时注重新技术和新工艺的使用。最终的目标是用设计来解决问题，同时尽可能带来意料之外的惊喜。对于设计师来说，既定空间给设计带来种种限制。然而，总有应对这些限制条件的办法，最终营造出独特的景观空间，美化建筑环境。作为一名设计师，工作中最有趣的部分莫过于与一支伟大的设计团队合作，享受充满创意的设计过程，打造随着时间流逝却魅力不减的“软景观”和“硬景观”，让景观为建筑增色。

3. 建筑景观改善城市居住条件、治愈环境的力量从何而来?

建筑景观在社区及其公共空间的营造中起到至关重要的作用。往往要做出重大的变化，改变基础设施，一座城市才能成长，才能呈现出新的面貌。而最重大的改变往往是绿色基础设施带来的。像洛杉矶这样的正在经历大规模再建的城市，情况正是如此。在新建的社区中，比如加利福尼亚的藤蔓社区（Irvine），建筑景观是打造社区形象的关键，因为它直接决定了社区环境。

规划团队一定要对规划用地及其周围地区进行全面的实地考察，充分了解其环境条件、周围的社区以及用地上自然环境的优势或挑战。另外，了解的范围不要局限在规划用地内部，周边地区的优点和不足也要掌握，并且在设计中要充分考虑到这些情况。由于城市化进程持续改变美国主要城市市中心的发展进程和特点，关于可持续发展、公园以及开放式空间等概念的传统思考方式也在改变。

如今，我们对城市发展的态度有了很大改变，不再是像过去那样追逐疯狂的城市扩张。现在，我们更加尊重自然；我们对环境采取一种跨学科的看法，所以我们现在正处在一种战略性的位置，重新定义城市发展的模式。我们接受的教育让我们相信，环境是一个整体，所以我们采取的规划和设计方法更加注重环境。

真正的绿色工程通过一体化的设计方法，能让我们打造更贴近自然的环境，更加节能的建筑和社区，有利于保护自然资源。这样的工程倡导节约能源，包括能源效率、可再生资源和水资源保护。这种注重生态环境保护的态度也将人类对环境的影响和垃圾排放纳入考虑范围，目标是打造更健康、更舒适的环境，降低运作和维护的费用，解决历史保护区、公共交通、社区基础设施建设等方面的问题。绿色规划将整个开发区的生命周期及其内部的各个组成部分都考虑在内，此外还有它将带来的经济、社会和环境方面的影响，以及开发区的整体作用。

我们所做的公共空间的设计，其目标就是充分尊重当地文化遗产，同时满足社区发展公共设施、开发公共空间的愿望，任何社区都希望拥有灵活的空间设计，以便满足子孙后代继续使用公共空间的需求。规划的首

要目标包括可持续性、平衡、多样性、整体性、灵活性、经济活力、实用性、娱乐性等。

4. 在您的设计中，社区拓展和社区参与一直是很重要的部分。能否详细谈谈您公司针对社区拓展采取的设计方式?

社区拓展和利益相关方的参与对设计师更好地理解社区的愿望及其面临的问题非常重要（问题可能涉及方方面面，比如缺乏绿化和开放式空间、公共安全等）。对于涉及更多公共问题的大型工程来说，情况尤其如此。我们正在将洛杉矶打造成一座 21 世纪的城市。我们在重建基础设施，在这个过程中，我们可以对社区居民和利益相关方进行深入调查，清楚地了解他们的需求和愿望。

在美国，这个过程是必要的基础步骤，而不是可有可无的选择；这是我们必须做的，我们也乐意为之。这是一个愉快的过程，同时也带给我们好处，因为社区居民一旦参与其中，成为决策制定过程的一部分，他们就会对社区的设计以及社区本身有一种参与感。而且，跨领域的设计方法让政府官员和客户更好地了解为解决特定问题而采取的设计策略，比如改善水质、防洪等问题。

规划一个新社区是一个漫长的过程，起点是一张清晰的蓝图，由上百个从不同观点出发的构思拼合而成。规划过程中的思路越是多样化，越是有创意，设计过程就越充满活力，规划结果就越丰富、越有趣。我们相信，不论设计什么空间，一定要在最初的规划阶段就充分了解未来会使用这些空间的人们的生活方式和他们的预期。必须充分理解生活方式的不同，并在规划方案中体现出来。如果规划得当的话，社区规划案完全符合居民的生活方式，那么就可以说是一个成功的设计。虽然对于不同地区的不同社区来说，过程可能有很大不同，但是我们相信成功的设计还是有一些共同的因素。其中之一就是在形成蓝图的过程中，一定要有调研；设计初期掌握的信息越多，构建蓝图的原材料就越多，最终的规划案对于要生活在其中的居民来说就越方便实用。

人们的生活方式在不断变化，要了解这种变化，我们就必须尽量多做调研，包括拜访当地居民和其他利益相关者，还有设计和规划过程中将会涉及到的政府官员和部门，并跟他们保持联络。另外，在很多地区还要考虑地方性的因素，比如历史、“土地的遗迹”等，这些对于当地居民和政府官员都极其重要，所以对于设计团队来说，充分理解这些因素的重要性是非常必要的。设计团队为打造当地居民、政府官员和其他利益相关者都认可的社区规划案而扫清的任何障碍，都能够为客户创造重要的附加价值。

5. 关于这个行业的未来，您有什么想说的?

景观行业正处在一个令人振奋的时期。我们可以帮助政府领导人理解环境问题的重要性，从而在可持续发展、生态环境、经济发展等方面走出一条不一样的路来。我们有机会为城市带来巨大的价值，并为更大范围内的地区环境做出贡献。我们希望用我们的设计来改变人们看待和体验空间的方式。我们努力探索解决大规模的工程和环境问题的方法，希望对城市景观设计有所裨益。

作为规划师、设计师和设计思潮的引领者，我们对环境和城市生态的这种个人责任感驱使我们去探索新的设计方法，创造在功能、技术和工艺等方面领先的景观。抱着这种不断探索的心态，我们能够打造宜居的城市环境，保护城市生态多样性，为研究当今生态系统的变化提供更多科学的资料。这是一种追求，也是一种态度。不论年龄、背景或者个人能力如何，我们都有一个共同点，一个共同的目标，那就是为我们居住的社区的进步而努力，完善我们的生活品质。

「社区公园，为大众而设计」

◀ **波尔·费梅尼亚斯（Pol Femenias）**

西班牙 PFA 建筑事务所（Pol Femenias Arquitectes）成立于 2000 年，位于巴塞罗那。PFA 涉足建筑设计的方方面面，从设计初期的理念开发到最后施工的每个细节。

PFA 的设计理念是：建筑设计是致力于改善环境的一门学问，目标是打造舒适的空间。建筑本身不是最终目标，而是改善人与环境二者关系的一种手段。虽然成立时间不长，但是 PFA 已经在各种类型的项目上有了丰富的经验，大到大型城市规划、住宅楼设计和室内设计，小到家具设计的细节。在这些项目中，设计师本着创新的设计原则，以不变应万变，一路走来，始终保持严谨与激情并重，精益求精。

PFA 自创立以来，十几年中赢得了世界范围内广大客户的赞誉，包括公共机构和私人客户，并获得各类奖项，如 2014 年西班牙 ASCER 奖。

1. 您认为什么是社区公园?

我的理解是：社区公园是我们大家共享的公共空间，设计上要注意地表的处理，因为地面可能要种植植物。这跟其他的城市公共空间不同，那些空间更偏重“硬景观”，这是使用功能决定的。

2. 着手设计之前是否要先有理念? 关于自然环境有何考虑?

当然。任何空间的设计都是如此，不论室内还是户外，只要是人们生活于其中的空间，就一定有它的使用功能，理念就是要满足其功能。每一个社区情况都不同，要根据周围的环境、气候以及使用人群的类型来具体考量。

社区公园的设计要遵循环境可持续原则，也就是说要确保景观易于维护。这一点只有根据每个社区的具体情况，因地制宜，调整设计，才能做到。

3. 在您看来，社区公园设计中最重要的是什么?

设想人们会如何生活在其中，会如何利用这个空间。在设计的早期阶段，我会尽力想象未来要使用这个社区公园的人们的需要。所有的设计都从他们的需要中来，以满足这些需要为目标。

4. 社区公园的设计要遵循哪些原则?

这取决于很多因素。比如说，空间的朝向。这决定了日照会对景观产生何种影响，哪些地方一天之中的大部分时间都是阴凉的，而哪些地方更能得到光照，等等。

根据项目所在地的不同，要采用不同的手段，比如我们在欧洲南部的项目，就要考虑如何保护景观不受烈日的伤害。在寒冷的国家则相反。这只是一个因素，类似这样的很多因素综合起来，包括社区与城市环境的融合、植物品种的选择、适当的体量等方面，才能成就优秀的设计。

5. 您的设计灵感或者说设计理念从何而来?

每个项目情况不同。比如在桑特费柳德略夫雷加特的萨吕区住区景观那个项目,我们就深受周围环境条件的启发,灵感来自我们面临的具体问题。废旧工厂的拆除仿佛在城市中留下一块伤疤,而我们的设计则在治愈创伤,努力缝补城市脉络。整个项目就来自这一理念。公园的结构完全遵照周围住房形成的格局来展开。对墙体的处理也是遵循这个理念。周围的环境虽然纷乱,但我们并不想将其一笔抹去,把这里变成一块白板,相反,我们把既定条件善加利用,变乱为宝。我认为这个项目取得了圆满的成功,周围居民对我们设计的环境非常满意。

6. 在社区花园的设计过程中,我们应该特别注意哪些方面?

对我来说,有一点是检验公共空间设计是否成功的关键,那就是——看看是不是有人在用这个空间。不管你的景观设计得如何美妙,种植多少美丽的植物,周围有多么宏伟的建筑环绕,但是,如果人们在这个空间里觉得不舒服,感觉自己像是外来者一样束手束脚,那么你的设计仍是失败的。公共空间设计的一个窍门是从使用者的角度来考虑,尽量让使用者觉得舒适。首先要做到这一点,然后再把精力花在别的方面上。

7. 社区公园的可持续性是否对城市环境有重要影响? 在那些方面?

社区公园是用纳税人的钱修建的,也就是我们大家花钱。我们不想买耗油量大、尾气污染又严重的车,相同的道理,我们也应该对公共建筑和环境有同样的要求,也就是要求后者不能消耗过多能源(包括施工过程和未来的维护)。这是我们设计的底线。所以说,可持续性对设计来说至关重要。

8. 设计师通常会选用哪些植物? 为什么?

这个问题也一样——每个项目情况不同。关于植物品种的选择,我们要请教植物学专家，请他们给出建议，看哪些植物最适合某个环境。设计还要考虑到后期的维护。景观设计跟建筑不同，植物要三年或者四年后才长成，期间的维护工作很重要。

9. 各年龄段的人对于体育锻炼有自己的偏好。如何在社区公园中兼顾?

社区公园中的体育设施要针对不同年龄段来设计，这会影响到很多方面，比如体育设施的材质。给儿童设计的设施一般采用柔软的材料，避免孩子受伤，地面铺装也是。一方面，青少年的体育设施要考虑运动选择的多样性和刺激性，因为这个年龄段的孩子喜欢冒险，要让他们感到自己独立了，可以自己做出选择，空间布局上可以考虑在同一空间内容纳多种活动。另一方面，老年人的体育设施则更侧重单独的身体锻炼。

10. 能否详细谈谈散步道的设计?

只有当你在一个社区公园中漫步的时候，你才算真正体验了那里的景观设计。只有那样，你才能真正领略那里的氛围、气味、光影效果。我们常常试图根据照片或者图纸来分析一个设计，其实那样很难真正了解某些东西，比如设计师面临的坡度问题。有时候，坡度是影响整个设计的关键，可能设计师做出的绝大部分选择都是出于坡度的原因。只看照片的话并不一定能看出来。我们对坡度非常敏感。世界上大部分城市都有至少 1% ~ 2% 的地势坡度，我们平时可能不会注意到。但是，如果坡度达到 4% ~ 5%，情况就不一样了。要知道，如果你设计一条坡度为 7% ~ 8% 的散步道，人们很可能要看看周围有没有别的路可走了，因为这样的道路行走确实不舒服。

11. 长椅一般是否需要靠背？为什么?

在我看来，最基本的要求是舒适。很多长椅虽然有靠背，但设计得并不好，而且靠背的角度常常不合适，或者没有使用适当的材料。不带靠背的长椅可能更容易设计，使用也更灵活，因为如果有靠背的话，实际上靠背限制了长椅的使用方式。但是，还是那句话，只要舒适就好，有没有靠背其实并不重要。

12. 您如何看待社区公园的未来?

我认为社区公园给设计师带来了把设计融入人们生活的机会，因为它的使用者不仅限于某一家住户或者某个办公楼的员工，而是各种年龄段、不同种族、不同意识形态的人共同分享。所以，可以说我们是为大众而设计，因为最终的使用者是大众。以使用者为核心的设计将是引领未来公共空间设计的潮流。

13. 您有没有什么设计经验愿意与其他设计师分享?

设计师总是从同行的作品中得到启发与灵感。我对于从同行分享的经验中学到的一切充满感激，如果我的经验对别人能有用的话我也会非常高兴。

「每个项目本身既是机遇又是挑战」

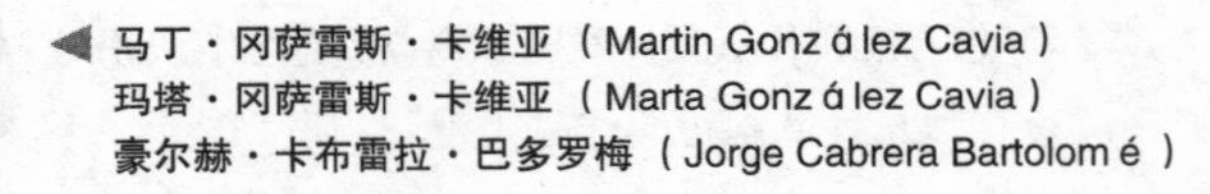

马丁·冈萨雷斯·卡维亚（Martin Gonz á lez Cavia）
玛塔·冈萨雷斯·卡维亚（Marta Gonz á lez Cavia）
豪尔赫·卡布雷拉·巴多罗梅（Jorge Cabrera Bartolom é）

西班牙 G&C 建筑事务所（G&C Arquitectos）成立于 1997 年，专业从事建筑设计、城市规划和景观设计。

G&C 建筑事务所的设计范围包括景观设计、城市环境修复和建筑设计（包括公共建筑和民用建筑）。三位创始人玛塔·冈萨雷斯·卡维亚、马丁·冈萨雷斯·卡维亚和豪尔赫·卡布雷拉·巴多罗梅组建了一支专业的设计团队。

1. 在您看来，什么是社区公园?

首先，也是最重要的，社区公园是城市环境中旨在改善生活品质的空间。社区公园有许多功能，其中最重要的一项功能是打造一种环境，让社区居民能够在其中互动。

2. 您认为社区公园设计中最重要的是什么?

两件事：环境和使用者。设计的关键不仅是要搞清楚社区的基本空间布局，还要了解其人文环境，也就是说，社区空间原来的使用模式以及今后可能的使用模式。城市公共空间和社区公园的开发，目的在于满足社会的各种需要。我们说“使用者”的意思是想强调，使用者对于一个优秀的设计来说有多么重要。

3. 在社区公园的设计过程中，我们应该特别注意哪些方面？比如可持续设计?

在设计之初的分析中，我们特别注意社区环境的历史、地貌、规模、噪声情况和气候条件——包括风力、降雨和日照条件等。

所有这些因素在设计阶段都有用，帮助我们决定社区公园的开放性、选择哪些植物最适合社区环境、选择合适的材料和照明，或者简单来说，也就是如何打造社区公园景观，以及如何让这个社区与周围环境、与整个城市相融合。生物气候条件一直是确保我们可持续设计的基础，同时我们也注重先进技术的使用，确保实现能源效率的最大化。

景观设计（不仅仅局限于社区公园）的另外一个关键因素是要深入分析、研究一个地方的水文循环过程，然后因地制宜，找出利用这种过程的方法。这其中包括：要了解一个地方的平均降雨量、气候条件（如气温、相对湿度和日照方向等）、土壤和所选植物品种的水汽蒸发和蒸腾作用等。一体化的水处理系统包括：绿色屋顶技术（过滤雨水）、蓄水池（储存雨水）、生物沼泽、各种过滤和渗透系统以及开放或封闭式的储水手段。

4. 社区公园的可持续性是否对城市环境有重要影响？在那些方面有影响？

社区公园对城市环境的重要性毋庸置疑。社区公园相当于在一片混凝土的海洋中建立绿洲，社区居民在这里可以远离都市的喧嚣，而且更重要的是，彼此之间可以交流互动——如果没有社区公园的话，这种互动很难发生。我们有必要重新思考一下我们生活于其中的环境，我们的城市和城市景观。想想我们跟邻居、长辈、孩子以及同辈人在一起的时光是在什么样的环境中度过的，我们的业余时间又是如何利用的（娱乐休闲、体育活动、游戏竞技、社会交往等）。现代社会需要唤起大众对于可持续性的更清醒的意识，而这就是我们所做的工作的动力——用景观带来变化，改善人们的生活品质和我们前面所说的社会成员彼此之间的关系。在可持续性方面，设计师可以利用各种设计手段和资源，做出显著成就。

5. 您的设计灵感或者说设计理念从何而来？

每个项目都不一样，但有个共同点，那就是——总是从深入的环境分析开始。灵感来自对环境历史的深入了解，来自“发现问题、寻求解决”的过程中，来自每个环境自身。没有两个地方情况完全相同，也就没有两次相同的灵感。

6. 您如何让委托方尽量增加预算?

好的社区公园不一定有多昂贵——造价并不决定空间的品质。设计师必须遵循客户限定的预算。不过，客户也可能在任何一个阶段决定对设计做出一些调整。

7. 在您看来，设计社区公园面临的机遇和挑战是什么?

每个项目本身都既是机遇又是挑战。我们时刻不忘的是：涉足公共空间的设计可以改善许多人的生活品质。

8. 社区公园、建筑和人，这三者之间是什么关系?

三者不可分离：建筑、周围的环境以及在这环境中工作、生活的人，共同构成一个整体。最好能让人——也就是使用者——参与到设计初期阶段中来，提出他们的看法，这点非常重要。由专家组成的设计团队要特别注重使用者的参与，包括建筑师和景观设计师，都要支持使用者的协同合作。让社区居民参与到设计过程中来，他们自然会对自己的社区公园更有认同感，无形中拉近了人与环境的距离。

9. 社区公园的设计要遵循哪些原则?

设计舒适的高品质公共空间，要考虑以下重要因素：

· 温度：核心目标是改善空间舒适度。确保日照既不要过于强烈，也不要不足；通过采用栅栏等手段控制风力；选择适当的材料（根据空间色彩的强度，色彩也决定了空间是冷色调还是暖色调）。

· 噪声：社区公园可能毗邻繁忙的交通要道，噪声是设计中另一个需要解决的问题。有很多降噪手段可供选择，其中许多应用的是自然方法，比如隔音墙、植被墙、地势坡度或者吸音的地面材料等。

· 安全：通过改善空间的通透性和可视性，我们可以增强社区居民的安全感。这一点对儿童和老年人尤为重要，他们是社区中最弱势的群体。

· 照明：照明效果对于社区公园的设计也非常重要。整体照明设计可以形成一张照明图，要与社区的景观设计相结合。我们在着手做照明设计时，会从主观与客观两方面评价灯光对空间的效果和影响。照明设计应该根据每个项目的不同要求，兼顾不同的高度。照明应该对空间的整体效果和环境的整体形象有所提升，打造出美观的社区环境。

· 植被：植被是社区公园最基本的组成部分。通过植被设计来创造空间尺度的变化和质感的对比，对于打造完美的景观体验至关重要。

10. 您认为社区公园在未来会很流行吗？为什么？

毫无疑问。社区公园是发展的必然趋势，是社会需求的产物。社区公园让居民有自己的公共空间，在其中能开展更丰富的公共生活，有更多的互动和交流。这反过来也会影响他们对社区的看法，让他们对社区更有归属感。

「设计师的眼和心要常用常新」

迈克尔·莱尔（Michael B. Lehrer）

美国建筑师协会会员，莱尔建筑事务所（Lehrer Architects）创始人兼董事长，毕业于加州大学柏克莱分校设计研究院和哈佛大学设计研究院，现任哈佛大学设计研究院校友会主席。莱尔也是洛杉矶游民健康护理协会主席，美国建筑师协会洛杉矶分会前任主席，并在南加州大学建筑学院兼职任教。

莱尔以其杰出的设计对建筑领域做出了突出贡献，并对建筑专业的教育和建筑行业的进步做出巨大推动，获评美国建筑师协会资深全权会员（FAIA）。莱尔的设计作品中，既有小型私人空间，也有大型公共建筑，其设计坚信“美是人类尊严的基础”，尤其是社区设计，注重光照与空间。他的作品表达了“从极度庄严中透出的愉悦”。

1. 在您看来，何谓“建筑景观一体化”?

对我来说，二者是一个整体，同时也是两个不同的关键学科。我对景观所做的思考不少于我对建筑的思考，可以说从孩提时代就开始了。我对景观专业和景观设计师怀有深深的敬意。在我的设计中，不论是设计室内、室外，还是两者兼有，都与景观息息相关，后者决定了我们对空间的看法和态度，进而左右着我们的设计。

2. 为什么建筑和景观一定要实现一体化？如果城市中的建筑与景观“分化”，对人们又会产生怎样的影响?

空间并不能用“景观”与“建筑”来区分。对我来说，阳光下和谐的整体空间胜过一切。我个人对建筑的定义就体现出这一理念，我的定义是：建筑是通过利用实体与光线来塑造空间，创造出实用又感性的地方。在我看来，一个地方就应该是空间本身，而不是去区分室内和室外。实体可以是墙、柱子、树木、篱笆……可以是人造的，也可以是天然的。如果不将建筑和景观作为一个整体来设计，那就等于在扼杀创造的可能性，在削弱设计的价值。我的夫人米娅·莱尔（Mia Lehrer）是一位杰出的景观设计师，有自己的公司，差不多40年前我们在哈佛设计研究院认识，当时我们都是学生。我们的领域有交集。我们的生活也有了交集。我的主要导师是世界上最优秀的景观设计师之一——彼得·沃克（Peter Walker）。我跟景观的渊源很深。

3. 在一个项目中，景观设计师扮演着什么样的角色？您是否认为景观只是对建筑的一种“补充”？景观设计师是否也应该参与到规划过程中?

我们对整个项目的视角侧重点会略微不同——建筑、景观、环境，我们将景观设计师视为与我们地位平等的团队合作伙伴。与任何的合作设计方协作的时候，我们都渴望收获具有创意的亮点。有时候会有，有时候没有。

景观对于空间的营造来说与建筑同样重要。二者是一体的。事实上，宏观的景观专业的领域要比建筑更关键。那就是为什么我们说景观对我们的设计思考至关重要。优秀的景观设计师能让任何一个项目呈现出完全不一样的效果。

4. 在您着手设计一个项目之前，先会进行什么样的调查研究？对原有的建筑物进行研究是否是必要的步骤？是否会影响您的设计？

我们通常要研究场地、客户、使用者以及更宏观范围内的地理条件和文化背景。这是基本要求。另一方面，我们也希望尽快展开设计。我们的准则是："至少需要什么信息才能着手设计？"这是因为设计过程本身就是最有效的调查和研究过程。分析和综合合而为一。设计过程自会揭示出那些必须解决的关键问题。

5. 您对洛杉矶泉街公园（Spring Street Park）的设计十分出色，能详细谈谈这个项目吗？您最感兴趣的地方是什么？最大的挑战是什么？您又是如何处理的？

首先这个项目是将情况各异的废弃地块改造成风格统一的城市绿化空间。这个街心公园并没有触碰到周围街道和建筑，却衬托出周围环境自身的美。设计洛杉矶市中心的街心公园，最大的挑战（也是机遇）就是如何兼顾各方的利益和要求，尤其是在洛杉矶这样一座社区居民极具参与感的城市中，各个机构、利益相关者、各方不同的诉求……所有这些因素加在一起，很容易让设计失去方向。要克服这一难题，达成统一的意见，需要强有力的领导，耳朵要善于倾听各方意见，当然还需要敏锐的设计感和设计才能。

6. 在某种程度上，建筑可以说是一门艺术，与其他艺术形式密切相关。您是否认为艺术在打造原创、新颖的建筑设计中起到重要的作用？您的设计作品中是如何融入艺术成分的？

艺术和建筑完全是一回事，二者界线模糊，紧密相关。对我来说，如果我不先画出人形的话就不知道如何去设计。如果我没有学过卡拉瓦乔、米开朗琪罗、弗兰克·斯特拉和胡安·格里斯，我就不能去设计空间。本质上都是相同的。勒·柯布西耶做得好——上午绘画，下午搞建筑设计。我认为设计师的眼和心都要常用常新，保持敏锐，这样才能创造出优秀的设计。

7. 关于建筑景观一体化，是否能跟我们分享一些您宝贵的经验?

其实我发现我对于景观的视角跟其他建筑师不同。大部分建筑师，甚至大部分景观设计师，是“以实体为导向”，而不是“以空间为导向”。要知道，二者兼有才成其为一个地方，二者不可分割。

如果你没学过景观设计史，不知道安德烈·勒诺特尔的法式园林、京都的禅宗花园、彼得·沃克的经典作品，那就去学学。去思考大师们面对那些土地的视角，包括建筑和景观。学习他们的视角，爱上空间。

『无处不在的景观设计』

马卡克莱・杰伊・苏沙达拉
（Makakrai Jay Suthadarat）
曼谷 FOS 设计公司创始人

FOS 公司涉猎建筑设计、景观设计等设计相关领域。苏沙达拉是泰国艺术大学荣誉毕业生，获得建筑专业学士学位。2000 年至 2001 年间，在都柏林市政府建筑部作为建筑师任职。2004 年至 2006 年间，苏沙达拉移居伦敦，加入扎哈・哈迪德建筑事务所。苏沙达拉在多所高校任访问学者并举办讲座，包括泰国艺术大学、泰国国立朱拉隆功大学、泰国农业大学、泰国国王科技大学和新加坡国立大学等。

CREATIVE

1. 在您看来，何谓“建筑景观一体化”？

基本上，建筑不能抛开周围环境而独立存在。换句话说，建筑不能脱离景观。因此，在我看来，“建筑”这一概念本身已经暗示了建筑与周围环境之间、建筑与其所在城市之间不可分割的关系。

2. 为什么建筑和景观一定要实现一体化？如果城市中的建筑与景观“分化”，对人们又会产生怎样的影响？

好的城市需要好的景观来将所有建筑物结合在一起，构成一张城市宜居空间的网络。如果没有景观设计，城市里的楼群将变得孤立的存在，仅由建筑师操控，彼此独立地飘浮在城市空间中。

曼谷的城市发展可以作为这个问题的案例。政府部门一直通过推行法规，鼓励每个人在城市中创造更多的绿地。这无疑是一项必要的、适宜的政策，但是几乎没有人谈论这些绿色空间，这些城市景观设计得有多么美观、多么实用，而且几乎也没有人指出建筑物之间相互连接、构成城市空间网的重要性。大部分的开发项目也没有考虑到这一点，忽视了建筑与景观之间的融合问题和建筑与城市环境之间的关系。曼谷政府一直试图改善这一问题，但收效甚微。

3. 在您着手设计一个项目之前，先会进行什么样的调查研究？对原有的建筑物进行研究是否是必要的步骤？是否会影响您的景观设计？

显然，我们首先要做的就是收集信息，研究所在场地及其周围尽可能多的一切情况。我们发现很多时候，简单的一次视察并不能收集到某些信息。而且有时候光是站在现场或者来回走走，也不能给我们足够的灵感。换一种交通方式来感受场地，有时会带来意想不到的效果。因为，大多时候，建筑通过不同的接触方式——包括物理接触和视觉接触——为不同的使用群体服务，因此，我们要用我们注入场地的新元素把一切潜在的体验视觉化。

4. 您对 KC 温泉度假村（KC Grande）的设计十分出色，能详细谈谈这个项目吗？您最感兴趣的地方是什么？最大的挑战是什么？您又是如何处理的？

KC 温泉度假村正是在场地即有条件下因地制宜开展设计的范例，在设计中我们也确实遇到很多问题。首先，三角形的地块就很成问题，一边是天然的小溪，另一边是陡峭的山坡，公路依山而建。因此，首先我们需要了解的信息是：雨季时这里会不会被小溪泛滥的洪水淹没。所以我们几次去溪边进行实地勘测，测量涨潮时的最高水位，并对河岸的稳固性进行确认。另一个让我们担忧的问题是：车子从山上的公路行驶下来的时候，人们坐在车里是否能清楚地看到这个度假村。

为了弄清这个问题，我们几次开车从山上驶下，以便确认在安全行驶的速度下度假村的可视性情况。然后我们决定，建筑在场地后方处应该做低调处理，因为人在行驶过程中，注意力集中在公路陡峭的坡度上，是不会去眺望建筑物的；而随着车子逐渐驶近，建筑实体慢慢从山坡上显现，此时外立面应该有瞬间吸引眼球的元素。我们也和委托客户达成共识，一致认为巨型滑梯（客户一开始就提出要设置一部巨型滑梯）应该安排在场地中央，因为建筑结构在此处一分为二，在这个位置设滑梯，随着公路坡度渐趋缓和，会更容易吸引注意力。

5. 关于建筑景观一体化，是否能跟我们分享一些您宝贵的经验？

KC 温泉度假村这个项目中最令我欣喜的一点就是建筑、室内和景观三者之间的界线已经模糊了。较高的那栋建筑内部有一个长条形的游泳池，与客房直接相连。在游泳池下方，瀑布的后面，我们设计了一个类似“洞穴”的空间，内部表面贴板岩墙砖。“洞穴”内也设置了泳池，还有酒吧。“洞穴”前方是主泳池，另一端连接着中央的滑梯。滑梯呈螺旋造型盘旋而起，后方与较低的那栋建筑的三楼平台相连。所以，在这个项目中，我们不能把泳池完全称为“景观设计”，因为泳池还起到界定“洞穴”空间的作用。事实上，我们将这个项目中的景观——包括“软景观”与“硬景观”——视为整体空间组织结构的一部分。我们也将“水”视为一种充满动感的元素，使之贯穿建筑的各个组成部分，突出了各个部分之间的关联。

6. 建筑景观一体化对建筑师和景观设计师之间的合作提出了更高的要求。您如何看待建筑师和景观设计师二者之间的关系，以及建筑和景观这两个领域的关系?

我认为将参与一个项目的设计师分成不同等级这种观念是非常刻板的，至少就我们的工作方式而言。这种领域之间刻板的等级划分不可否认地摧毁了我们渴望的那种鼓舞人心的合作。对建筑环境而言，建筑师和景观设计师的作用同等重要。你越是将两者分割开来，那么每一个领域自身就越没有意义。因此，在我们公司里，我们从来不会在建筑和景观之间划出一条分割线。

『设计是一个不断演进的过程』

克里斯·拉赛尔（Chris Razzell）

澳派（澳大利亚）景观规划设计工作室（ASPECT Studios）创始人兼董事长。

澳派工作室成立于1993年，在拉赛尔的领导下逐步壮大，从墨尔本到悉尼，再到上海，分公司不断扩展。数字研发也是澳派的核心发展方向，旨在为客户提供先进的虚拟现实设计服务。

拉赛尔致力于在景观设计与城市规划领域内打造最高品质的设计，尤其擅长大规模的城区规划和商业开发，为这类项目提供创新的、可持续的设计方案。

1. 在您看来，商业景观设计最重要的是什么？为什么？

形式、功能与体量。形式创造出整体的框架结构、外在造型以及从理论概念发展而来的美学体验。功能就是说你的设计如何发挥作用，使用者如何与设计互动。最后是体量。我们要把握整体项目，如何让项目融入城市大环境及其所在地的小环境。同时我们也是为人而设计，体量上也要注意人性化，要兼顾这两种体量。

2. 您是否认为商业景观具有刺激消费的作用？

越来越多的证据显示，处在有着树木和植物的城市环境下对人的精神健康有所裨益。打造一个能够让人感觉更加舒适、更加放松的空间，的确能够让人更愿意在那个空间里多做停留。而到了商业环境中，这样的空间可以让消费者休息一下，整理思绪，而不是必须离开，不再回来。

3. 气候条件（如降雨或高温）如何影响您的设计？是否会左右您的材料选择？

我们这个行业必须跟生物体打交道，这让我们不得不总得对气候和生态系统保持警惕，我们的设计必须适应既定条件，同时我们也创造出新的微气候和微生态系统。

拿墨尔本的圣詹姆斯广场（St James Plaza）来说，这个空间遮阴条件非常好，日照温和——这点对于城市环境中的公共空间来说非常难得。此外，我们采用了墨尔本市标志性的青石材料——一种冷灰色的天然石材，让广场融入了城市脉络。我们在材料的选择中还加入了天然木材，座椅表面呈现出更加温暖的色调，带来温暖的视觉感受。

4. 您是如何处理排水问题的？

在圣詹姆斯广场的设计中，我们打造了一个排水系统，与基地外的既存排水设施相连。在对广场的地面铺装进行翻新的过程中，我们与工程师合作，所以能够将低排水点转移到其他地点，到不影响整体空间设计的地方。铺砌石材之间的灰浆接缝处设置了排水沟，地表的雨水能够通过地下排水管道进行收集。

5. 关于植物与铺装的维护工作呢?

幸运的是，圣詹姆斯广场是由一家企业所有并运营的。这就意味着这一公共空间要比我们以前设计的其他地方享有更好的维护条件。尽管如此，我们对材料和植物的选择还是考虑到了便于维护，因此，无需过多的维护工作就能保持我们最初设想的设计效果。简单的技术（如铺装石材接缝）、澳大利亚硬木地板（预先涂油处理）以及经久耐用的不锈钢装置等，都是出于方便维护的考虑加以选择的。

6. 设计开始前您是否有什么准备工作要做?

了解基地的限制条件和委托客户的设计要求，这对于优秀的空间设计来说至关重要。只有充分了解了这些，你才能确立现实的目标，然后在这些目标的指引下开展空间设计。

7. 您的设计理念或者灵感通常从何而来?

作为一家不断成长的设计公司，我们设计所有项目都是从“设计演进”开始的。所谓“设计演进”，就是说我们的设计是一个不断演进的过程，有众多设计师参与讨论，灵感就在这个过程中诞生，是群策群力的智慧结晶。这种方法经过我们无数项目验证，百试不爽。

8. 根据您的经验，您认为一个成功项目的基础是什么?

了解委托客户的要求。这决定了你采用何种设计方法，进一步提出具体问题，并最终解决。

9. 关于地域特色与景观设计的结合，您怎么看?

地域特色形成了基地的环境，而环境则是景观设计非常重要的一个方面。在景观设计中融入地域特色，可以采用只在当地才有的植物，或者借鉴当地历史。一般来说，这种结合都是外在形式上的，因为我们要让广大使用者能够解读。

10. 您的项目中是否采用过新兴技术?

如果我们觉得某项新技术对我们的某个项目非常合适的话，我们会努力去应用。我们有一个项目采用了一种叫做“Stratacell”的新产品，用来帮助树木的根系在城市环境中的硬质铺装路面下更好地生长。我们还在多个城市绿色基础设施的项目中与人合作过，也研究了新技术的应用。

11. 您参与过许多不同国家的项目，可否与我们分享一些在异国设计的经验?

在不是本国的地方做设计总是很有趣。一天之中我们要时刻提醒自己，阳光来自不同的方向！另外，不同国家的社会建构也决定了他们空间使用的不同方式，我们要确保我们设计的空间符合他们的使用方式。

12. 您认为商业景观设计的未来趋势如何?

随着城市密度的增长，人们对公共空间会提出越来越高的要求。由于人口密集的市中心区的大部分土地都是私人所有的，所以这些公共空间相当于是在私人土地上建立。因此，这些空间要为私人企业的利益而建，同时确保市中心具备宜居的环境，人性化的体量也不要丢掉。

『景观要激发美感，营造人性化氛围』

凯文 · 亚伯（Calvin Abe）

凯文・R・亚伯设计有限公司创始人（后发展为现在的 AHBE）。

教育背景

哈佛大学景观建筑学研究生学位。

加利福尼亚州立大学波莫纳分校景观建筑学本科学位。

团体和协会

美国景观设计师协会注册景观设计师。

日美文化和社区中心董事会成员。

奥蒂斯艺术与设计学院董事会成员。

美国建筑师协会附属会员。

亚裔美国人建筑师和工程师协会会员。

ANGELS FLIGHT

1. 你为什么要当一名景观设计师？景观哪里最让你感动？

我在加利福尼亚一个小的郊区长大。我们自给自足：我们从两口井中打水喝，饲养小鸡，并且浇灌大面积的蔬菜园地。我和我的兄弟们在自家房屋的小溪边玩耍，在一起抓小蝌蚪和其他的小生物。这些经历激励我对于宁静，转瞬即逝而又不断变化的大自然的热爱。

职场生涯的早期我就已经担任 POD 公司设计部门的设计主管，但是我感觉公司的文化氛围还是有很大的局限性。于是我自己开了一家公司，创造出一个适合个性化人才的工作氛围。公司理念的与众不同，要解决城市环境中的复杂问题使得整个团队有了一个共同的奋斗目标。因此，AHBE 事务所及其合作室成立了。在这里，每个人都是一个独立平等的贡献者，每个人都珍视创造力，自我表达力和团队精神。

2. 天使山丘广场这个项目为 AHBE 赢得了荣誉奖。您能多谈一些关于这个项目的信息吗？有哪些困惑或是挑战呢？

与洛杉矶城市社区再开发机构和洛杉矶城镇都市交通机构（MTA）合作的这个城市花园被设计成进入城镇的入口，直通往潘兴广场站南入口和具有历史意义的天使航班缆车。这个设计目的是为当地居民建造一个引人注目的空间。

天使山丘项目在 2008 年竣工，在城市设施之间建造了一个花园轴线。花园的周界上种满了植物，这个袖珍公园为途径工人、居民、游客和其他来此漫步或是经过的人们提供了一个令人愉悦之地，从这里可以到达潘兴广场火车站、天使航班、邦克山、中心市场和其他商业目的地。

我们与大众艺术家 Jacci De Hertog 一起合作开发这个与众不同的平面铺装样式。蜿蜒曲折的铺装样式构成了地中海植物调色板，创造出一个动感的颜色，材料和视觉效果的构图。另外，原有的建筑基础墙仍然保留了下来，唤回这里曾经的历史，成为花园的一处空间工艺品。这面墙融入到公园设计之中，从而连接了过去和现在。我们的设计也吸收了加利福尼亚本土物种，耐旱的地中海植物，座椅和恰当的安全照明。这里是绿色的天堂，疲惫者的度假胜地，周边城市混凝土气息中的一片绿洲。

这个项目将整个绿色空间融入到城市的灰暗格调中，希望能够打动洛杉矶人步行于此来欣赏这个城市。在当地居民、附近的老人和商业人士的大力支持下，我们与 CRA/LA 和 MTA 一同协作，为这个社区提供了各式各样的娱乐健身功能项目。

3．你对城市景观建设抱有如此高的热情，为什么呢？

早期的时候我就对景观建筑抱有两个想法：景观作为艺术形式和景观作为环境和社会实践。我总觉得这两个想法并不是一分为二的，而是应该作为一个独立框架去研究和探索。在加利福尼亚南部实践景观建筑既是独一无二的挑战，也是难得的机遇。在这个半干旱环境下对于淡水的不断需求成为我所要研究的问题。尽管景观城市化理论还不是公共对话的一部分，但是景观在塑造城市形式和社区中扮演着越来越重要的角色。景观城市化就可持续发展和景观作为城市设施角色提出了重要的问题。评估我们在城市里同自然和生态的关系，一个城市的设施如何与自然系统联系起来应该成为我们对话的部分内容。

AHBE 的办公空间和更大的洛杉矶地区都是活生生的景观城市化实验室。我们在公司积极的提倡用以研究的方式将 AHBE 改革成与景观城市化相关的形式。我们与很多城市合作来倡导这种精神，比如说伯班克水力项目，同时监视检测原有项目的一些成果来测试可持续发展的街道设计或是“绿色街道”项目在这个半地中海气候下的实际效果。

4．对景观建筑来说，你如何定义“可持续性”？

我认为，可持续性是指我们所生活的社会、文化和自然都是相互联系又相互独立的个体。地球上的自然资源不会被现在的需求消耗掉，而是留给下一代。人们畅所欲言的讨论解决全球问题的方案。

5. 你认为景观应该具备哪些元素可以被称为可持续性景观？

景观之所以可以被称作可持续性景观所应具备的主要品质包括能够加强、支持和模拟历史自然生态景观。城市景观必须也具有“表演”的成分，因为景观还被看成用来修复城市污染，再建住所，重建被人类发展所破坏的自然系统的基础设施。

6. 在审美和功能之间，你认为对于景观项目来说哪个更重要呢？你在工作中如何平衡这两个方面呢？（你能举例说明吗？）

我认为这两个因素对于一个成功的景观项目来说都是必不可少的。景观不但要作为实际方案和工作系统，同时还要激发美感，营造出一种奇妙，美好且人性化氛围。

7. 据说城市景观还能有助于缓解城市居民的压力和疲惫感。你如何看待景观建筑的社会意义？

我认为城市里的景观确实可以减少压力和疲惫。我们人类与自然有着内在的联系。如果生命中缺少自然，我们的生活就会陷入瘫痪和亚健康状态。比如说，在美国，我们正经历着一场健康危机，而这些可以通过预防和健康生活得到改善。举例说，肥胖就是切断我们身体和自然之间纽带的一个例子。美国人过于依赖科技，从某些方面来说，这也导致了懒惰情绪，我们已经忘记了大自然流入我们生命中的自然能量。自然有能力帮助教育和重新连接我们的生活，提供真正能够平衡我们精神和灵魂的力量。

8．你认为地址的开发对于一个景观项目来说重要吗？

地址的开发是一个成功项目的基础。我们对于最基础元素，比如土壤、水、太阳能、气候和风的了解是至关重要的。这些领域的任何一个要素都在解释理念、想法和设计表达中扮演着重要的角色。

9．在开始一个新任务之前，你都做了哪些研究和学习？

我们的基本设计方法就是一系列调查和探索的过程。在我们要开始一项新的任务之前，我们研究学习自然系统，文化和历史故事以及这个社区的存在意义和价值。融入了这些元素的整体设计方案不但行之有效而且还具有艺术性。

「设计是一个过程，亦是一种挑战」

赫勒萨·丹塔斯（Helo í sa Dantas）

2005年毕业于巴西植物学院里约热内卢植物园研究所（National School of Botany - Research Institute of the Botanical Garden of Rio de Janeiro），取得生态学专业硕士学位。自1980年起，丹塔斯就开始涉猎景观设计和城市规划领域，曾在许多私人公司和公共机构任职，参加了巴西以及国际上的众多相关会议。2010年，丹塔斯加入了里约热内卢的RRA设计事务所，成为其城市规划与景观设计团队的一员。

1. 您在设计时处于什么样的心理状态？充满激情还是沉着冷静，抑或其他？

设计是一个过程，这个过程中的每一步都有不同的心理状态。在项目的初始阶段，“兴奋”或“激情”是传达、表述我们感觉的最佳词汇。而当项目的理念、设计标准和指导原则确定下来，我们的感觉则是强调团队精神，注重团队集体创造的过程。到了最后一步，我们会充满期待，盼望早日看到项目竣工。

2. 一个项目有方方面面的因素需要考虑，您在设计时会优先考虑哪些方面？

除了为交通动线、行人步道或娱乐休闲区（能够开展体育活动的空间）的环境提升景观价值以外，景观项目必须寻求创造绿色空间或者“绿色走廊”，满足项目的社会功能和环境功能——理解使用者与环境之间的互动关系十分重要。

3. 您如何看待景观设计领域目前的形式？

在巴西，我们的城市中有大量的绿色空间存在，但是涉猎大型休闲空间、交通道路设计、绿地修复工程等方面的景观设计公司却不多。然而，随着城市化进程的发展，我们越来越意识到环境问题的重要性，也意识到景观设计师对于城市自然景观修复、打造更加可持续的城市所扮演的角色有多么重要。因此，专业景观设计师的人数正在迅速增加，也得到了更多的认可。

4. 您在工作中最享受的是什么？

每个项目总会提出新的挑战，在面对挑战的过程中会有许多新发现，我享受这个过程。此外，看到项目竣工之后，用地上呈现出勃勃生机，这也很令人兴奋——看看植被是如何随季节而变化，随时间而演变，就像

大自然中的万物一样。

5. 能否详细谈谈马杜雷拉公园这个项目中的设计亮点或特色？

马杜雷拉公园满足了当地庞大人口对文化、社会和体育设施的需求。这个地区由于其地理位置以及大面积不透水地面的存在，相对于里约热内卢滨海地区来说，降水更少、温度更高。因此，这座公园的设计旨在满足多种用途，其中包含大量的休闲设施，能够满足当地庞大人口的需求。同时，我们通过增加水景（包括水池、喷泉和瀑布等）和遮阳设施，来尽量降低较高温度的影响。像马杜雷拉这样缺乏绿色空间的地方，植被（尤其是较高的植被）在景观中起到关键的作用，不论是从美化环境的角度还是从自然生态的角度来说。因此，在选择构成公园植被的植物品种时，我们遵循了以下原则：

· 本地植物，或者是能够适应当地气候条件的品种

· 有利于区域环境修复的植物，不仅能够带来阴凉的空间，而且能够吸引野生生物，尤其是鸟禽

· 生命力顽强的植物，对土壤类型和灌溉的要求不高，不需过多维护

6. 能否具体谈谈绿道植被和铺装的维护?

里约热内卢公共休闲空间的维护受到气候的困扰。这里常年有大量降水，温度温和或偏高，使得植被需要不断的精心维护，如剪枝和施肥。出于同样的原因，铺装的路面也需要特别的维护。凡是采用松散材料（如砾石和鹅卵石等）的地方必须经常更换材料。对我们来说，似乎目前趋势是越来越多地采用透水或半透水铺装，这样的路面载重能力更好，不需过多维护。街道附属设施也是一项挑战，因为这些设施需要坚固的材料、美观的设计，同时还要满足长时间、频繁的使用。

总而言之，政府在这类地方的维护工作中面对巨大的挑战，需要不懈地寻求创新的解决办法。

7. 您的设计理念或设计灵感通常从何而来?

设计理念和指导原则从对项目用地的环境和社会风貌的分析当中得来。用地的环境条件会告诉我们应该采用何种植被、何种材料。

第二章 / 设计营造自然

自然是最美的风景。

人类在自然的环境中世代繁衍并不断发展，将自然的给予变成财富，又用财富将城市的边界不断扩张。在城市扩张的过程中，人类却对自然和生态进行着无情的破坏，并由此产生了大量污染，使自然界的某些物种不断灭绝。

人类长时间对于自然界的理解一直简单将其认为是取之不尽的资源，是无私的给予。自然界是不会反抗的，更没有惩罚。所以人类才会如此肆无忌惮地砍伐、屠杀、破坏。然而，事实上人类从未逃离过自然的惩罚：洪水，地震，火山，飓风，泥石流，大气污染，温室效应，冻雨和雾霾……这一切都是自然在给人以警示：人类破坏自然的结果，只能是让自己生存的环境越发恶劣。

只有爱护自然，才能让我们的家园更加美好。

我们一直都在思考如何将城市中已经被破坏的自然复原，如何在人类居住的城市里打造适宜的景观，治愈因过度工业化而导致的城市创伤。在设计师们的眼中，好的景观设计项目并非是那些标新立异，看起来充满炫目元素的景观项目，反而是那些更加贴近自然的具备质朴气息的项目。越是贴近自然的景观，越能吸引更多的生物来此地栖息，人类才有机会与自然共存，享受自然的恩赐。

在接下来的本章内容里，我们精心为您挑选了 10 位国际著名景观设计师的访谈内容，通过对话让他们为大家讲述他们是怎样通过设计改变我们生存的环境，为人类与自然之间搭建和谐的桥梁，将我们城市的未来设计得更加美好，相信通过阅读本章会让您对景观设计的理解有一个新的认识。

「巧用自然的设计是最好的」

张韬

佐佐木景观设计事务所（Sasaki Associates, Inc）合伙人。

在佐佐木，张韬扮演着景观设计师和生态学家的双重角色。张韬认为，好的景观设计师应该是受过科学教育的艺术家，他创造的公共空间，应该既使人享受超凡的户外体验，同时也有助于维护健康的生态环境。

凭借专业领域的职业素养和饱满的创作激情，张韬的设计以美观大方、舒适宜人的景观环境为目标，以对生态环境及其文化背景的深刻理解为基础。现代城市环境复杂多变，对设计师提出了更高的要求：既要考虑环境的人居体验，又要兼顾各种物理化学因素的作用以及其他生物种类的栖息问题。张韬的设计作品，既有大规模的概念规划，也有小体量的实地景观，在城市设计、景观设计和生态设计之间架起一座桥梁，已经为多地新城区和公园的开发建设贡献了杰出的设计。此外，张韬在学术界也有所涉猎，除了在专业期刊杂志上发表文章，还经常在各种学术会议上发言。

1. 清洁的饮用水在很多地方已经成为稀缺资源。您认为景观设计师能为此做些什么?

确实，世界上很多地区现在都缺乏清洁水。但是，我们也要知道，全世界的水都是可以百分之百回收利用的，一升不多，一升不少，循环使用。今天，地球上的每一滴水都已经存在了成百上千万年。在这里，一滴水可能是一只恐龙呼出的蒸汽；到了那里，它就变成我们水龙头中淌出的一滴清水。水是否能为我们今天的人类所用，则取决于我们如何处理它。如果我们不加注意，让水中混入各种有毒物质，再不管不顾地排入河流中，那么我们就是在自己减少我们可用的水源。

我的职业是景观设计师，但我首先是一名具有环境意识的公民。我认为，关心水资源是每个人的责任，不仅是为我们自己，也为我们的子孙后代。作为景观设计师，我总是将水视为创作灵感的泉源。我认为我们可以去尝试通过我们的设计，提升公众对水资源危机的意识。比如说，我们可以让阳光照射到地下河，使其成为城市水景的一部分。我们还可以设计生物沼泽来收集雨水，而不是依靠地下排水管线。在做大型景观规划的时候，我们应该注意保护现有的自然水体，而不仅仅是商业化地视之为开发的卖点。

2. 为什么说雨水管理很重要? 可持续雨水管理设计能带来哪些好处?

在自然界的水循环中，雨水是重要的一步。没有健康的水循环，我们就会面临很多难题，甚至是灾难。如果雨水排放不当，我们的城市就会积水甚至洪水泛滥。如果不能通过土壤来可持续地利用雨水，地下水将面临枯竭。可持续雨水管理设计能帮助我们利用生态系统，缓和城市排水给自然界的水循环带来的压力。通过利用生物沼泽、雨水花园或者集水池等方式来收集雨水，我们就能将雨水就地处理，比如增进雨水的渗透、对城市污染物进行生物修复或者减少可能造成洪灾的雨水径流等。

3. 委托客户——尤其是私营业主——可能会担心雨水管理会耗费很大开支。您怎样说服客户在雨水管理设施上花钱?

我觉得大家有一个普遍的认识误区，觉得采用雨水管理设计总要多花钱。其实这个问题得就事论事，具体来看。有时候，确实会需要更多的先期投资；但是更多时候，正好相反，尤其是从长远的角度来看。客户会担心开支，这我们完全能理解，也不会以此去评判他们的是非。我们一般首先去研究当地的气候，然后决定最佳设计方案。一个方案可能在某地是可持续的方案，在另外一地却完全不是。比如说，在降雨频繁的热带地区我们可能采取某种方式来处理雨水，但是到了干旱地区就得采用完全不同的方式。要跟客户进行坦率的交流，我们首先得明确雨水总量，以及不同的设计方案在经济和社会方面会带来哪些影响。然后，我们用这些数据和事实说话。最佳方案会带来双赢的结果，客户既能省钱，环境也能改善。

4. 如果您接到一个资金十分有限的项目委托，在雨水管理设计上您会如何使用这笔钱呢? 有没有特别划算的方法?

这个问题得就事论事。我发现有关设计的问题不要轻易下结论，否则容

易适得其反。大自然是多姿多彩、变幻无常的，永远没有一个一劳永逸的方案。某个项目中可能使用本地植被会是最佳方案，但到了另一个项目中，可能首要问题是解决地下沉积物。所以答案随情况不同而变化。

5. 您做过的最成功的雨水管理设计是哪个项目？采用了那些技术？面对哪些挑战？

我参加过一系列的生态和可持续设计项目，上海嘉定新城紫气东来公园是其中一个。采用的技术包括设置生物沼泽、河岸土地修复以及修建储存雨水的集水池等。我们面临的挑战之一是如何说服委托客户和承包商，使其相信我们的方案可行。因为没有成功的先例，所以人家会怀疑我们的设计方案是否只是理论上的空想。但是，我们所有的设计决策都是建立在深入的实地分析研究和我们在全球范围内丰富的经验基础上的。这个项目最终大获成功，向每个人证明了我们的方法是正确的。

6. 现在世界各地雨水花园越来越多。雨水花园有哪些重要的设计元素需要考虑？

我觉得没有一个统一的所谓最重要的元素。我们要考虑的最重要的事是让雨水花园的设计因地制宜，适合所在的地点和气候。降雨情况、土壤类型和地形坡度等，都会对雨水花园的设计产生重要影响。

7. 您建议在雨水花园中栽种哪些品种的植物？

我推荐那些能在泛洪平原上旺盛生长的本地植物，因为这些植物能够适应当地气候和降雨情况，而且既耐涝，又耐旱。还是那句话，随地点不同而变化。

8. 能谈谈地面铺装吗？或者其他设计元素，比如土壤？

透水性铺装一向是强烈推荐的。更重要的是，这层铺装下面的所有垫层材料也得透水。我看过铺设不正确的透水地砖，垫层用的是不透水材料，水渗不进去，在垫层上引起漫流。

9. 如何让雨水花园易于维护?

答案还是我前面推荐使用的植物。如果你选择了最适合当地土壤和气候的植物，那么接下来的大部分维护工作，大自然就替你做了。

10. 当地气候对您的设计有何影响?

在我们的设计实践中，气候是我们对项目理解的关键。此外，还有一系列其他的环境参数，决定了我们从一开始的设计思路。

11. 作为景观设计师，您从什么人（或者什么事）得到最大的启迪?

启迪是有，但不是说某个人给我最大的启迪，成为我的灵感之源。我平时的灵感大部分来自我的同事，从刚入门的菜鸟到最资深的设计师，都能给我启迪。跟他们一起工作，每天都能学到一些新的、不同的东西。我觉得对于我作为一名景观设计师和生态学家来说，那是一个巨大的动力来源。

12. 在您作为景观设计师的职业生涯中最享受的是什么？有没有什么特别的故事能跟我们分享?

景观设计是科学和艺术的一种独特融合。不断进行创造性的探索，并且看到我的设计给环境带来积极的改变，是非常令人欣慰的。有时候我会很理想主义，另一些时候又可能很现实，这要根据项目的体量和类型而定。

「可持续设计就是合理利用自然」

梅勒 · 凡戴克（Melle van Dijk）

梅勒 · 凡戴克从 2009 年至今一直在 MD 景观建筑事务所任景观设计师。MD 景观建筑事务所是荷兰的一家中型设计公司，涉足城市规划和景观设计领域，致力于为城市及其周边乡村的发展提供设计和规划方案。这家公司由马太依斯·戴克斯特拉（Mathijs Dijkstra）创建于 2005 年，是一支由景观建筑领域的专家组成的设计团队。

1. 您对可持续的理念持什么态度?

可持续理念现在炙手可热。但是对 MD 事务所来说，我们试图超越“可持续”这个被渲染得天花乱坠的理念的表面。我们不希望只是为了听上去更好而刻意给我们的作品贴上“可持续”的标签，而是希望打造真正可持续的景观设计。

我们的基本信念是：只有自然的才是可持续的。所以我们不会刻意追求可持续的名头，而是在设计过程中，在做每个决定时都谨记可持续的理念。

可持续理念可以体现在很多方面，大到为城市规划或者绿化工程选择一个符合可持续发展原则的设计理念，小到使用回收利用的材料。

2. 您有许多非常杰出的可持续景观设计作品。能否谈谈您在设计这类作品时采用的设计策略?

我通常会将一个工程分为两个或者三个层次。每个层次存在于设计的不同阶段。第一个层次是关键的“框架”层次。这个部分是整个设计理念的基础。框架必须能够经受时间的考验，不论是在审美上还是在结构上。这个框架要满足一个工程的首要功能。

第二个层次是附加功能或者营造氛围。根据使用者的不同，可以增加不同的功能，营造不同的氛围。这个层次可以随着时间而变，因为使用者会改变，或者社会上也可能出现新的潮流。这个层次跟“框架”层次紧密相连，但这个层次里的附加功能也可以由其他功能所取代，或者甚至可以直接拿掉这些功能，而不会影响到基础框架。通过巧妙的设计，完全可以不动框架而改变功能或氛围。灵活性才是真正的可持续性。

在越来越多的作品中我们会增加第三个层次——临时功能。由于经济形势不稳定，要增加附加功能可能需要很多时间。资金是分期到位，一期工程的资金只能实现基本框架。在等待附加功能得到资金来动工这个期间，我们先用临时功能来填补空白。这些临时功能也在不同的方面上遵循可持续理念。我们要确保：或者用回收的材料，或者保证我们所用的材料未来可以回收利用。临时的小品或者亭阁可以方便地拆除，移至别处使用。

3. 您设计的格罗宁根省 Lauwersoog 海港规划方案非常符合可持续理念。能详细谈谈这个作品吗?

在格罗宁根 Lauwersoog 海港，我们最近新设计了一个游客区，在我们早先为这个海港所做的整体规划的框架内。我们从海港上发现了这个实现可持续理念的机会。我们设计了一个观景平台，既能看到整个游客区，又能俯瞰渔港上繁忙的景象。但我们不是用新材料新建一个平台，而是利用港口上原有的东西——这个地方原来的工厂。工厂的楼面还在，这正是我们的观景平台需要的。当时老工厂的建筑正在拆毁，但是我们说服客户，保留了完整的楼面。这些楼面就是现在的观景平台，我们要做的只是增加楼梯和扶手。这只是海港规划工程里的一个可持续理念的例

子。其他的还包括：我们没有购买新的种植槽，而是利用港口鱼市上装鱼的板条箱；灯具也没买新的，买的是港口灯塔用了几十年的减价的旧灯具。

4. 在可持续景观设计中，客户扮演什么角色？

有时候客户也会给我们提出某些可持续设计的要求。通常都是最基本、浅显的方面，比如使用 LED 照明，或者多种些树。但是最近我们承接的一个道路改造工程，客户就非常注重可持续设计方面，不只是出于可持续发展意识，更多的是想节约未来的维护成本。

比如，政府现在出台政策，要把乡村地区历史保护中心的地面用天然黏土地砖来铺装，不只是因为这样更符合乡村环境的氛围，也是出于可持续理念的考虑。因为沥青一旦损坏很难修复，也不能直接再利用，而黏土地砖铺设的地面就很容易修复，而且如果未来道路进行重新设计的话，这些地砖也可以再利用。这些方面可能没有 LED 照明或者能够吸收二氧化碳的地面铺装那么有吸引力，但是，还是这类自然的可持续设计最后能够真正起到长远的作用。

5. 您目前正在做什么项目？

我们目前正在做的设计包括：能够应对气候变化的水坝；乡村环境中的太阳能利用；屋顶花园；自行车道和人行道的优化设计等。对我们来说，可持续的理念在我们的设计中并不是个新趋势，而是我们一直以来在所有设计中追求合理地运用的东西。

「设计结合自然：如何通过景观设计实现生物多样性」

何塞·阿尔米尼亚纳（José M. Almiñana）

美国景观设计师协会理事（FASLA），生于委内瑞拉，1983 年加入美国须芒草景观设计公司（Andropogon Associates Ltd.），自 1995 年以来一直担任公司主管。阿尔米尼亚纳既是景观设计师，同时也是建筑师，一贯注重设计中的协同合作，致力于用最少的资源达到最好的效果。阿尔米尼亚纳主持了须芒草公司的许多大型开发项目，打造因地制宜的设计方案，尊重周围的生态环境，采用创新的可持续设计技术。阿尔米尼亚纳指导了多种类型的设计与规划项目，从市区公园重建和企业园区设计，到多功能新社区的规划，不一而足。不论项目的规模如何，阿尔米尼亚纳都会将当地的核心资源应用于设计中，兼顾功能、美观与环境。

1. 您为何做一名景观设计师？您是否喜欢这个职业？

当初我觉得学习景观设计会让我成为更好的建筑师。我希望我能更好地理解土地，包括其生物系统和非生物系统。我想要探索建筑与环境的深层关系。但我发现自己深深爱上了这个设计领域，学习之后就一直从事景观设计了。

2. 接到设计委托后，您如何形成关于植栽设计的思路？

植栽设计最重要的一点是要理解项目所在地的特点，也就是当地的独特之处。大自然已经针对当地的情况演化出了适合的对策，造就了一套独特的生态系统。每个地方，大自然都展现出它独一无二的适应性，值得我们去学习，这样才能设计出适当的植物群落，未来才能繁茂生长，进而回馈当地生态系统。

3. 当地气候会如何影响您对植物品种的选择？其他的用地条件又有何影响？

当地气候和用地条件是植物群落选择的关键，对每个项目来说，都是了解项目用地、进行用地分析的一部分。

4. 在植物的选择上您是否有偏好？为什么？

我们偏好使用当地原生植物。原生植物已经经过进化，适应了当地特有的环境条件。每个地方，在植物和动物之间已经形成稳定的相互依赖的关系。原生植物有助于生物多样性，而生物多样性是让景观环境回馈当地生态系统的关键，比如传粉、缓和污染、清洁水源、养分循环和碳固定等功能。

5. 菲普斯可持续景观中心的用地从前是一块棕地。这是否会让植物的选择与一般用地有所不同？您的设计团队为此做了哪些努力？

这块棕地上从前没有任何植物，土壤也不具备生长植物的能力。因此，所有一切都需要从外边引进。我们的设计旨在营造出某些类型的栖息地，所以，我们选择了一些植物群落，并且重新搭配了土壤，让植物在全新的环境条件下能最好地生长，新土壤能储水，上面生长的植物能过滤水，以此保证生态系统关键功能的运行。植物群落的选择旨在实现本案“净零耗水”的目标。

6. 菲普斯可持续景观中心的植栽设计呈现出极好的视觉效果。您是如何做到的？

各个季节的开花时间以及花期的长短都是我们在植物选择中考虑的因素。一年之中各个时段会有不同的植物成为景观的主角。同样重要的是，这些植物要有利于当地动物群落，为其提供巢穴、食物和花蜜。

7. 菲普斯这个项目获得了“可持续景观设计动议”认证，认证要求是否影响了您的设计？

这个项目的设计只有一点受到了“SITES”认证的影响。我们改变了某些植物的选择，因为有些植物不在区域性栖息地范围内。否则的话，我们会按照委托方和设计团队共同的愿望，打造“最绿色”的景观设计。

8. 您在植栽设计过程中是否会想象最终竣工后的景观面貌？现实与设计中是否有所不同？

我认为植物的具体栽种位置会在施工中有所改变。空间的体量以及给人的感知也会随着植物最终栽种位置的变化而改变。你还得认识到一点：景观永远是会随着时间变化和生长的，设计时必须考虑到未来的种种演变。

9. 在您的设计经历中，委托方是否常常会对植物的选择有特殊要求？

客户通常会知道他们想要什么，景观设计师的任务是去实现——也是去引导——他们的想法。我们应该跟客户以及未来会使用和管理这片土地的人进行沟通，以便在设计过程中把他们的想法打磨得更成熟。

10. 在您看来，高校景观设计专业的学生最重要的品质是什么？对新毕业生有何建议？

景观设计专业学生以及刚完成学业的毕业生必须充分理解系统的手法对于环境设计的重要性，并且准备好参与跨学科的设计团队协作。新毕业生应该谦逊好学。

11. 在您的职业生涯中，是否遇到过什么挑战？您是如何克服的？

一大挑战就是没有充分理解景观设计师的价值所在以及他有哪些责任。景观设计师必须认识到，我们所做的工作会产生巨大的影响。很长一段时间以来，我们没有机会去阐释我们的系统设计手法。其实，在当今的可持续设计趋势流行之前，我们就一直在推广“设计结合自然”。我们一直在坚持这项工作，我们也看到设计界越来越靠近我们这种设计方法。

12. 如果请您推荐一本景观设计类图书，您会推荐哪本？为什么？

伊恩·麦克哈格（Ian McHarg）的《设计结合自然》（Design with Nature）。这本书是理解生态规划与设计中的系统设计手法的基础。

13. 什么能让您对景观设计的未来感到振奋？

景观设计师现在主导着大型的跨学科设计团队，景观设计在设计领域的地位也在提升，因其在建筑环境的塑造中起到的独特作用而得到认可。

14. 您接下来的工作安排如何？目前正在做哪些工作？

须芒草景观设计公司正在开展“整合研究”，希望将其应用到我们所有的项目中。2012 年公司设立了“整合研究部”，这个部门让我们重新审视我们从过去到现在的景观设计作品，目标是为未来的项目汲取经验，与设计界的所有同仁分享我们的心得。

「叶片的质地纹理是植栽设计中最重要的方面」

杰里米·费里尔（Jeremy Ferrier）

澳大利亚资深景观设计师，拥有超过 26 年的从业经验。在过去的 25 年中，费里尔一直担任杰里米·费里尔景观事务所（Jeremy Ferrier Landscape Architects Pty Ltd.）负责人，经手过景观设计领域里几乎所有类型的项目，对设计、图纸文案、合同管理等工作都亲力亲为。费里尔杰出的设计才能在他过硬的设计团队的支持下得以更好地展现出来，多年来创作了大量优秀作品，获奖无数。他设计的项目在国内和国际的景观设计类图书上均有发表。他的作品还经常登上《澳大利亚景观》杂志（Landscape Australia）——澳大利亚景观设计师协会（AILA）的官方期刊。

1. 气候和地形对植物的选择和布置有何影响？这些因素是否影响了您在澳大利亚圣公会教堂文法学校的植栽设计？

气候对于植物的选择显然是个重要的考虑因素。圣公会教堂文法学校（Anglican Church Grammar School）地处亚热带地区，夏季湿热。所以，首先要选择能够适应湿热环境的植物。但是，除了夏季之外，一年之中还有其他重要的时段，尤其是冬季和春季，当地有小雨落下，所以，选用的植物还必须能适应微量的降雨。

2. 这个项目中，在您的景观设计和植物选择的背后有着什么样的理念？

我对这个项目的设计理念是打造尊重该校传统文化和历史文脉的景观环境。校园环境对于植物来说是难于生长的，常常疏于养护，因此，我们在植物选择上的首要考虑是选择那些粗放的、生命力顽强的品种。

3. 您接到植栽设计类项目后，如何着手设计？设计之前是否会做实地调查？设计过程又是怎样的？

植栽设计一般来说总是先有个总体概念：需要什么类型的植栽？用在何处？在选择具体的植物品种之前，我一般会先确认哪种类型的植栽最适合我的设计。比如说，我是否需要树冠较大的树木、笔直的柱状树木、观赏性的开花树木、大面积的地表植物或者低矮的灌木等。

4. 您是如何根据植物的独特结构和生态特征来进行植物分组、区分层次以及搭配的？

植物是根据想要营造的效果来进行分组的。比如说，我们在学校入口花园里设置了庄严肃穆的花坛，植物的布局考虑到几何构造的平衡，入口大门两边种植的宝瓶树形成“四重奏”的格局。

5. 像您这样选用如此与众不同的植物品种要注意哪些方面？

对我来说，叶片的质地纹理是植栽设计中最重要的方面。设计得当的话，不同质感的叶片一年四季都能让你的植栽设计方案大放异彩。从叶片质地的细微差别能够区分不同品种的植物，同时又不影响整体景观的和谐效果。在此基础上，可以利用几抹色彩，营造景观亮点。

6. 在设计理念的开发和实施过程中，您面临着什么样的困难？

这个项目主要的困难在于设计中要特别注意，是什么让校内这个四合院深受当地人喜爱？我们要确保其核心价值不在学校的现代化开发过程中丧失。

7. 植物在景观设计中有着什么样的功能？

植物在景观环境中通常有着功能性价值。植物能够营造阴凉的环境，遮挡不想要的景象，稳固并覆盖裸露的地面，为野生动物提供栖息地，并对雨水径流进行过滤和清洁。从美学价值上讲，植物能够提升人们的户外环境体验，不论是色彩、质感、形态还是气味，从感官上都有益于人的心理健康。

8. 在您的设计中，"硬景观"设计是从植栽设计中演化而来吗？或者相反？抑或两者同时进入脑海？

景观环境的整体结构设计几乎总是会先于任何对植栽的考虑。

9. 学校是否会对植物的布置有特殊要求？您是如何根据学校的功能特点来选择植物的？

学校中的学生有可能会踩踏植物，我们要选择那些被踩踏后能迅速复原的品种。避免使用叶片容易受伤的植物。如果是小学的话，有毒的植物也应避免使用。

10. 校园中植物的养护有何特别之处？

校园中选用的应该是需要最少养护的品种，因为，一般来说，学校里没有足够的园丁去照料娇贵的植物。聚丛植物和草坪尤其常用，可以降低养护需求，因为基本上无需修剪。

11. 竣工后的效果与设计方案相比较，是否有较大差距？施工中是否发生了重大改变？

就这个项目来说，竣工后的效果与设计几乎一模一样。充足的预算、精确的图纸资料以及优良的施工技术，确保了施工过程中几乎没有出现什么异于设计的地方。

「可持续设计的目标是为生物建立良好的栖息地」

罗伯特·道尔（Robert Doyle）

美国史密斯建筑事务所（SmithGroup JJR）主管，资深景观设计师。

在27年的职业生涯中，道尔的设计涉猎了项目规划与开发的各个领域，作为项目经理和景观设计师，经手过政府机构及私人业主的各类项目，负责管理和设计的项目类型包括：公园游乐场所、园区规划与重建、社区规划与城区设计、棕地开发以及滨水区设计等。知识面广，技术过硬，再加上出色的团队组织才能，让道尔能够对大型多功能项目从初期规划到最后施工都游刃有余地全程掌控。

1. 您是如何涉足景观设计领域的?

我喜欢待在户外，喜欢密歇根的森林，渴望为所有人改善户外环境。

2. 米利肯州立公园与港口的用地从前是一块棕地，特殊的用地条件是否对植物的选择有所影响?

米利肯州立公园与港口位于密歇根州，我们选用的都是密歇根州的原生植物，而且比较能够适应严酷的环境条件。用地上铺设了从别处运来的充足的表层新土，能够确保植物初期的良好生长。

3. 您是如何确立植栽设计出发点的? 确定设计要求的过程中最重要的环节是什么?

这片湿地的设计出发点是：如果这块土地当初没有用作工业开发的话，

这里本该是一片自然栖息地，我们的设计就是要重建这片本应存在的栖息地。另外，由于这座公园地处城区滨水环境，设计需要考虑如何让游人去体验并了解原生湿地环境。最后，设计旨在收集来自附近开发用地的雨水径流，在雨水汇入底特律河（Detroit River）之前先进行处理。在湿地与原生栖息地的建立中，确定植物最初几年有哪些养护需求是最重要的环节之一，以便确保植物群落的健康，限制入侵植物的生长。

4. 根据您的经验，客户提设计要求时最常犯的错误是什么？

我想到两个。首先，如果是城区环境中的项目，需要进行挖掘工作的话，对于处理污染土壤以及城区土地下可能埋藏的其他残骸所需的费用，客户可能没有充分的考虑。其次，客户常常认为使用原生植物就无需进行养护，其实不是这样，尤其是栽种之后的最初几年里。

5. 在设计理念的开发和工程施工过程中，您面临的最大挑战是什么？

棕地给我们带来技术方面的挑战，让设计过程变得更复杂，如果项目是在一片从前未经开发的土地上就没有那么复杂。我们的设计团队中有棕地专家、公园规划专家、当地的规划专家、公园管理者、土木工程师和景观设计师等，各方紧密合作，共同确保了设计的成功。

6. 竣工后的效果与设计方案相比较，是否有较大差距？施工中是否发生了重大改变？

这个项目的施工效果与原设计非常相近。施工过程中，地下埋藏的大型残骸需要清理，才能让这座公园按照设计方案来建设，在设计过程中我们不断根据这些未知的情况修改预算。

7. 未来的长期养护工作如何规划？您如何预期景观环境的演化发展？

原生景观由公园的所有者——密歇根自然资源部（MDNR）——负责养

护。密歇根自然资源部对原生景观的养护很有经验，并主动承担了植物养护的管理工作，以便确保入侵植物不会淹没原生植物，不会降低栖息地的价值。随着植物逐渐生长成熟，我们预期最能适应用地环境条件的原生植物会大量生长。我们栽种了一批橡树，形成一小片橡树林地，我们希望这些树木能稳定生长，未来形成完整的树冠。

8. 植栽设计能否兼顾美观、自然与功能，同时满足人与环境的需求？

是的。我们首先要确立一系列的可持续设计目标，包括针对人的使用、设计美感、水的处理、栖息地的建立以及其他相关方面。然后，我们再衡量每个目标对于特定项目的相对重要性，以实现其中的重要目标为基础开展设计。

9. 哪些要素让这个项目堪称可持续设计？这些要素是如何呈现给使用者的？

这个项目最大的可持续目标是为爬行动物、两栖动物、哺乳动物和鸟类等建立栖息地。调查随访研究显示，我们的设计取得了高度成功，公园内能看得到、听得见各类野生动物，向游客彰显着这座公园的价值。游客能靠近湿地，体验零距离的观赏。另外，还配置了展板，让游客学到更多关于湿地的知识，比如过滤雨水的功能、栖息的物种等。

10. 可否提前与我们分享您即将推出的最新设计？

有一个也是公园类项目。我们正在进行密歇根休伦港（Port Huron）滨水栖息地建设项目的施工收尾工作。这是一片狭长的滨水区，长约 1300 米，既有鱼类栖息地，也有滨水湿地，整体呈现出优美的公园环境。另外，我们在密歇根北部的特拉弗斯城还在为一个公共码头和鱼类栖息地的项目做规划，经由这里，未来人们不用乘船就能到达大特拉弗斯湾（Grand Traverse Bay）的一个重点渔区。

11. 最后，回顾您数十年的职业生涯，您对有意投身景观设计行业的年轻人有何建议？

永远保持开阔的眼界、开放的思维！职业景观设计的作用就像车轮的中心，以其在人、社会、植物、原生栖息地、雨水、艺术和设计等方面的专业知识和经验，推动庞大项目的运行。只要愿意去学习，你就能把你的知识和技巧运用到各种各样精彩、刺激的项目中！

「打造屋顶生态，为野生生物提供栖息地」

乔纳森・布鲁克（Jonathan Brooke）

霍尔・肖特景观设计事务所(Hoerr Schaudt Landscape Architects)首席设计师

乔纳森在绿色屋顶的设计和技术方面有着丰富的经验，曾在奢华公寓、医疗、住宅及文化机构等多种建筑的屋顶绿化工程中任主持设计师、项目经理。200年，乔纳森受邀在深圳的一个景观设计研讨会上围绕绿色屋顶与街道景观的主题发表演讲。

詹姆森・史凯弗（Jameson Skaife）

曾获得“健康城市绿色屋顶”组织（GRHC）颁发的绿色屋顶专业设计师资质。

在加盟霍尔・肖特景观事务所之前，詹姆森就城市环境中的种植问题所做的个案研究曾获得加拿大国家城市设计大奖（学生类）。

1. 屋顶绿化首先要考虑的因素是什么？关键要解决的问题是什么？您认为最大的难点在哪？

乔纳森：首先要考虑的是屋顶的用途和功能。用途和功能决定了采用什么样的设计手法。有的屋顶设计以节能为主，有的则以休闲娱乐为主，二者看起来会完全不同。

詹姆森：首先要考虑的还有屋顶结构的承重和防水问题。关于屋顶的承重能力需要咨询结构工程师，这对于绿化材料和植被的选择至关重要。防水一向是屋顶设计尤其需要注意的问题，一定要确保屋顶能够承接雨水，防止漏水。

乔纳森：最大的挑战是让客户明白：增加绿色屋顶需要很大一笔开销，不只是材料，还包括很多间接开销，比如加建的结构，这一点他们可能没有想到。客户一定要做好充分利用绿色屋顶的准备，否则就得不偿失了，因为其实还有其他方法能够增加建筑效能，而且成本更低。幸运的是，我们的许多客户确实懂得充分享受绿色屋顶带来的好处。

2. 绿色屋顶带来的好处有哪些？

乔纳森：绿色屋顶能在原有建筑的基础上增加许多有用的空间。你到任何一个城市转一转，都能看到很多闲置不用的屋顶。在拥挤的城市中这无异于一种空间浪费。其实这些屋顶稍加装扮，能够成为极具魅力的空间，有着改善城市面貌、激发经济活力的开发潜力。

乔纳森：绿色屋顶的影响力不只局限于它所在的建筑物。其实我们之前有几个项目，就很少有人上到屋顶去跟屋顶花园亲密接触。但有更多的人会从周围的建筑中眺望花园，花园美化了城市风景。欣赏绿色空间带来的心理作用不容小觑，尤其是在城市环境中，很少有开阔的空间或者绿树。

詹姆森：绿色屋顶带来很多公共效益，比如减少雨水排量（而且排放的雨水经过过滤，水质更好）。另外，绿色屋顶还能吸收阳光热量，减轻城市热岛效应。植物还能净化空气，为鸟类和昆虫提供栖息地和食物，同时有助于改善城市环境的生态多样性，并增加生物数量。绿色屋顶还起到隔热的作用，以此降低建筑的能耗。

3. 屋顶绿化设计对高度有何限制？如何做好保护措施？

乔纳森：一般来说，摩天大楼上很少见到绿色屋顶。我想这是因为对于摩天大楼来说，屋顶面积占整个楼体表面的比例太小了，所以屋顶绿化对环境的影响很小。即使进行绿化，可能针对的也是建筑本身，而不是环境。

詹姆森：建筑越高，楼顶暴露在恶劣条件下的问题就越严重。风力更大，可能在绿色屋顶上引起风浮力效应，绿化层有脱离屋顶的危险。这时候就需要采取一些措施，确保绿化层（包括绿色屋顶的各个组件）的安全。大风还会导致土壤失水，植被存活也是个问题。那么就需要额外的灌溉，而灌溉也可能成为难题，因为大风很容易将水吹下屋顶。

乔纳森：为了抵御风力，屋顶上的一切都需要加固，这是个大问题，所有屋顶绿化设计都要考虑这个问题，即使是只有一层高的建筑。摩天大楼的屋顶，实现的可能性就很小，所以需要考虑怎样将屋顶作为一个立面来处理。

4. 屋顶绿化在设计选材上有什么需要注意的？

乔纳森：需要考虑土壤层的深度，应该根据植被的类型来决定。

乔纳森：将屋顶上一切东西的重量及其分布列入考虑，这在设计过程中非常关键。这时候我们需要结构工程师的帮助。施工过程中，重量也是个问题；施工中各种材料可能暂时堆放在屋顶上，此时要注意避免结构超荷载承重。

詹姆森：选择绿色屋顶的构件时，需要确保这些构件能够很好地组合在一起，而不会妨碍彼此的功用。假如你选择了不同材料商提供的产品，还需要确保这些材料彼此相融，不会违反某些材料的使用规范。

5. 植物的根系有很强的穿透能力，那么该如何处理屋顶绿化中的渗漏问题?

乔纳森：现在有先进的渗漏检测系统，能够精确检测到渗漏发生的时间和地点，有效降低维修的费用。植物种类的选择也很重要，像景天属植物，根系就很浅，而一些树木的根则可能过度生长，造成麻烦。

詹姆森：一般来说，整个屋顶上都要有个根系隔离层，在防水层的上面。某些植物，比如会长出粗壮根系的种类，尽量就不要选择。如果实在要用的话，可以增加额外的根系隔离层。

6. 屋顶设计中如何解决植物的灌溉以及排水之间的问题?

詹姆森：在绿色屋顶完工一两年内的初始阶段，灌溉对植物生长很关键。这个关键阶段过后，粗放型绿色屋顶种植的景天属植物甚至不用灌溉就能存活。而精细型绿色屋顶的植物则需要继续灌溉，因为它们的土壤层更深，需水量也就更多。这也取决于当地的气候。排水设计需要注意避免积水。尤其要注意确保土壤或植物不会进入排水通道造成阻塞。

乔纳森：我们设计的绿色屋顶一般都需要灌溉，因为我们十分注重植物的外观对整个设计的影响。我们的客户一般也更喜欢绿色而不是棕色！尽管有些类型的绿色屋顶可以无须灌溉，但是却很难维持良好的外观，因为雨水会不期而至，而且屋顶上温度很高，而土壤却十分有限。情况可能会因各地的气候而有所不同，比如有些地方降雨频繁，可能就没有必要进行灌溉了。但是，任何地方都有干旱期，如果不提前设计的话，到时候就很难把水运到屋顶上。

乔纳森：还有一件事不要忘了：排水通道一旦堵塞，应该易于维修。应该有一个备用排水通道，一旦发生堵塞，可以启用备用通道来应急，整个屋顶不至于被水淹没。排水设计一定要与建筑师和工程师合作。对于排水通道来说，宁可太多，不要太少。

7. 屋顶的生态环境与地面不同，如何解决屋顶环境中对植物成长不利的因素？如日照过度集中、昼夜温差大、风力等。

乔纳森：检测并保持湿度很重要，那也是我们坚持使用灌溉的原因。植物的选择也很重要。一般来说，可以选择那些天然生长环境与屋顶条件相似的植物。根据气候带的不同，有时选择沿海植物和高山植物更好，有时选择仙人掌和茎叶肥厚的植物更合适。这些耐旱性植物会在屋顶上生长得很好。

詹姆森：屋顶的环境跟地面显然不同。一般来说，栽种在屋顶上的植物要比地面植物更能抵御恶劣环境。选择相似气候下在其他屋顶生长良好的植物，或者经过当地大学研究测验的品种，是个不错的方法。每个屋顶的条件各有不同，所以要充分考虑日照、遮阴、风力等具体因素。可以多选用一些植物品种，这样起码能保证至少有几种能在屋顶上存活下来。

8. 屋顶绿化的后期维护和管理如何解决？

詹姆森：任何屋顶都需要维护。在设计过程中就要考虑到后期维护问题，提出维护方案，并按方案执行。后期维护包括灌溉系统维护、植物残体清理以及一般性的清洁工作。

乔纳森：一定要让客户清楚屋顶后期维护的工作量。有人会觉得绿色屋顶的维护必然比地面景观要容易，这是毫无道理的。一定要设置过道和安全设施，保证维护人员在种植区工作时的安全问题。

9. 屋顶绿化设计中，植物的选择与配置是否有何依据？

詹姆森：选择绿色屋顶植物的首要标准是植物的生存能力。这些植物要能够在屋顶条件下生存。另外，也要根据植物在某些方面的特长来选择。

比如，有些植物能够吸收雨水，有些能够通过蒸发来降温。蔬菜和草本植物也可以选择，如果以耕种为目的的话。

乔纳森：我们通常采用现成的“种植模块”，就是种在小盒中的植物，运来的时候就已经长得很好了，非常方便。这些植物通过适当的配置，能够打造令人耳目一新的效果。多伦多的内森·菲利普斯广场（Nathan Philips Square）就采用了这种模块，规格为 300 毫米 ×600 毫米，拼出地毯一样的图案。颜色相似的植物放在一起，随着季节变换颜色还会改变。我们选择了多个品种的植物，以应对不同的日照和遮阴条件。由于屋顶上有些地方的承重能力有限，土壤层很浅，这些地方的植物选择也要相应调整。

10. 屋顶绿化在城市规划中扮演怎样的角色？您认为屋顶绿化的前景如何？

乔纳森：我们在芝加哥有不少绿色屋顶项目，因为市政府致力于将芝加哥变成一座“绿色城市”。于是，某些类型的项目必须有 50% 的屋顶面积进行绿化，项目才能获批。这一规定直接导致芝加哥绿色屋顶面积急剧增加。根据芝加哥市议会的数据，目前市内已建、在建、拟建的绿色屋顶面积共计 65 万平方米。如此之多的绿色屋顶对环境的影响显然比单独一个屋顶大得多。

詹姆森：绿色屋顶能够降低城市基础设施的负担。一方面，绿色屋顶能吸收雨水，减轻城市排水系统的压力。另一方面，绿色屋顶对建筑起到保温的作用，而且能够给采暖、通风、空调设备降温，减少建筑能耗，减轻城市电网的压力。在城市规划中融入绿色屋顶，能够让城市更绿色、更健康，对硬件基础设施的依赖更小，还能节省维护的经费。

11. 您认为屋顶绿化与建筑之间存在什么样的关系？如何做到美观与实用的相统一？

乔纳森：屋顶景观的理念与建筑设计的理念要一致，这一点很重要。密斯·凡德罗和阿尔弗莱德·考尔德韦尔就经常合作。建筑和景观的设计手法不一定要一样，但二者一定要相辅相成。不仅在外观美感上是这样，屋顶的空间规划也跟建筑功能布局一样，需要花费很多时间和精力，务必使屋顶空间与建筑空间相结合，共同满足使用者的需求。

詹姆森：绿色屋顶是建筑表面的一个附加层，应该作为建筑必不可少的一部分来考虑。绿色屋顶应该是建筑师和景观设计师合作的产物。这样才能让绿色屋顶在外观和功能上都完全融入建筑。

12. 您认为屋顶绿化最大的技术难点在哪?

乔纳森：如果屋顶上要种植树木，那么尽量让整个空间围绕树木来布局。一方面，是出于美观的要求，因为对于景观设计来说，树木是重要的标志性符号。另一方面，这也是出于实际需要，因为树木通常是绿色屋顶上最重的部分。屋顶栽种树木需要考虑如何与建筑结构紧密结合。有时，树

木可以灵活布局，有时则受到建筑结构的承重能力限制，只能种在承重柱上方，那么这些柱子的位置就决定了屋顶空间的布局。因为树木需要很深的土壤层，有时会影响屋顶下方的楼层。我们以前就有一些项目，由于影响到下方楼层的举架高度或者影响了下方停车场的净空高度，最终不得不放弃使用树木。上海自然博物馆（在建）的设计单位帕金斯威尔建筑事务所（Perkins + Will）就体谅到了这一点，专门修改了屋顶树木下方空间的构造。

詹姆森：经过数十年的研究和测试，绿色屋顶在技术方面已经取得了很大进步。材料、土壤、排水、防水等方面的技术一直在发展。只要建筑师和景观设计师通力合作，就能找到解决绿色屋顶设计难题的方法。

13. 如何在屋顶绿化的项目中体现生态和可持续的概念？

乔纳森：因为屋顶绿化需要耗费资源和经费，所以我倒是认为，鉴于其耗费的精力和开销，其实绿色屋顶并不是特别符合可持续概念，对环境的益处也有点夸大其辞了。单凭一个个屋顶累加起来，其实节约的能源十分有限；要达到这样的节能目的，做个更好的隔热处理就完全能办到，成本还要低得多。绿色屋顶吸收的雨水其实也很有限。因此，我们说绿色屋顶的益处，就要从它对周围环境的影响等间接方面来考虑，而不是仅仅局限在它所在的建筑本身。比如，空间的高效利用、吸音效果、野生生物的栖息地、对气候的影响以及心理上的作用等。

詹姆森：不是所有的绿色屋顶设计都以生态或可持续概念为目的，但都会以某种方式对生态和可持续发展起到促进作用。有些屋顶的设计侧重吸收雨水，有些则侧重种植当地植物，改善屋顶生态环境。绿色屋顶还有一个功能，那就是直观地表现出一家企业或机构对环境与可持续发展的关注。

14. 您认为绿色屋顶的发展趋势如何？未来的绿色屋顶会是什么样的？

乔纳森：“绿色技术”逐渐成为设计的常规标准，我认为这一点值得欣喜。在美国，政府通常会要求使用LEED或者其他绿色认证，才能批准项目实施，这使得这些技术的使用越来越普遍，价格也不再那么高昂。很多绿色屋顶的诞生就是出于这个原因。我们也看到很多私人住宅也在采用这些技术。绿色屋顶如此流行，也有弊端——那就是，很多绿色屋顶产品应运而生，安装起来简单易行，就像铺地毯一样容易，不需要多少知识或者设计。这样可能导致施工结果不尽如人意，败坏了绿色屋顶的声誉。

詹姆森：使用“绿色技术”、利用闲置空间的趋势是显而易见的。不只是绿色屋顶，还有绿色墙面，都在经历研究、发展和进步。当前人们对“城市农业”的狂热延伸到了绿色屋顶和墙面上，并且非常成功。之前已经证明屋顶是城市中养蜂的好地方。现在，绿色屋顶设计领域又吸引了大家的兴趣。我认为，研究的不断发展将为绿色屋顶带来新的进步，新产品会不断问世，未来会有更多新的植物品种可供选择。

「绿色屋顶：延续城市绿化面积，丰富生物多样性」

坦娅·穆勒·加西亚
（Tanya M ü ller Garc í a）

毕业于德国柏林洪堡国际农业科技大学。
墨西哥国家绿色屋顶协会（AMENA）主席兼创始人。
世界绿色基础设施联盟（WGIN）副主席。

1. 屋顶绿化首先要考虑的因素是什么？关键要解决的问题是什么？您认为最大的难点在哪？

首先要考虑的因素之一，就是这个屋顶未来的用途是什么，以此决定采用粗放型、精细型还是半精细型绿化。关键问题通常是选择适当的植物，需水量越少越好。

2. 屋顶绿化的实施有哪些局限？比如所在地的环境、气候等。

绿色屋顶没有任何局限。不同的环境和气候，只不过是设计中需要考虑的变量而已。设计师的任务就是处理好这些因素，打造完美的绿色屋顶。

3. 屋顶绿化设计对高度有何限制？如何做好保护措施？

摩天大楼的屋顶绿化需要考虑的因素会有所不同，比如风力。保护措施非常重要，如果屋顶空间要供人使用的话。

4. 屋顶绿化在设计选材上有什么需要注意的？

毫无疑问，绿色屋顶上所用的一切材料都非常重要，各种材料应该做到各司其职。其中防水层尤其重要，必须确保良好的长期防水效果，尤其要注意防止植物根系穿透防水层，造成渗漏。

5. 屋顶设计中如何解决植物的灌溉以及排水之间的问题？

灌溉和排水是任何绿色屋顶设计都要涉及的基本问题。根据绿色屋顶的类型（粗放型、精细型或者半精细型）来选择适当的排水方法。粗放型绿色屋顶可能无须灌溉。

6. 屋顶的生态环境与地面不同，如何解决屋顶环境中对植物成长不利的因素？如日照过度集中、昼夜温差大、风力等。

屋顶环境对于植物生长来说未必是劣势。比如说，由于风力较大，植物大规模感染病虫害的可能性就小。日照集中等方面的问题可以通过屋顶的设计（尤其是植物品种的选择）来解决。

7. 屋顶绿化的后期维护和管理如何解决？

粗放型绿色屋顶很少需要维护，甚至可以说完全不需要。而精细型绿色屋顶则需要经常灌溉、修剪、施肥，所以需要有个后期维护预算，而且负责维护工作的人员也需要进行培训。

8. 屋顶绿化设计中，植物的选择与配置是否有依据可循？

根据屋顶设计的类型是粗放型还是精细型，最好选择能适应屋顶恶劣环境的植物，以便能够降低对灌溉和维护的需求，屋顶也更符合可持续发展理念。另外，生态多样性的问题也十分重要，绿色屋顶应该成为野生生物的栖息地。

9. 屋顶绿化在城市规划中扮演怎样的角色？您认为屋顶绿化的前景如何？

屋顶绿化对于城市规划的重要性在于绿色屋顶是可持续性城市规划的一个重要元素，尤其是现在城市环境中公众能够使用的绿化面积越来越少了。这一点可以通过绿色屋顶来弥补。城市要强制要求新建筑必须进行屋顶绿化，这一点很重要。另外，城市规划部门应该对市内的绿色屋顶情况有个详细的记录，可以通过税收鼓励政策来推动屋顶绿化工程。

『「嵌入式」游乐场景观 赋予自然更多神奇力量』

坎农·艾弗斯（B. Cannon Ivers）

英国景观设计师协会（LI）创始会员，英国LDA设计公司（LDA Design）合伙人，LDA伦敦分公司主创设计师。LDA是一家独立的设计咨询公司，专注于建筑、环境和可持续设计。创立30多年来，LDA的专业团队汇集了120多位设计师，设计作品遍布英国及海外，在私人与公共领域均有所涉猎。

艾弗斯的设计作品侧重三维立体手法和分析，极具现代气息。他的设计注重因地制宜，善于针对特定环境中的既定条件分析优势与不足，制定适当的设计策略。艾弗斯通常用详细的图纸和高品质的效果图来传达他的设计理念，清晰、生动而又引人入胜。通过3D技术和计算机数控制造技术（CNC），艾弗斯能够将他复杂、有趣的设计形式有效地展现出来。深入的用地分析、全面的历史研究以及现代的景观设计手法铸就了艾弗斯的景观设计风格。

1. 您认为儿童游乐空间的设计与其他类型的景观设计有何不同?

游乐空间的设计与宽泛的景观设计在很多方面都是相通的。不过，对于游乐空间，设计师必须在安全性和可用性等方面有更多的考虑。比如说，我们在伦敦某游乐空间里设置了乒乓球台，但是没有全面地考虑到没带孩子的成人也会想要打乒乓球，这就可能引起矛盾冲突，因为有些家长可能会怀疑游乐区内没带孩子的成人有不良企图。另外，因为游乐空间就其本质来说，本身就会吸引不同年龄段的使用群体，也包括儿童的看护者，所以，从儿童的角度来说，这类空间的设计必须要充满活力和想象力，而对于成人看护者来说，也要提供必须的户外休闲设施，比如座椅和遮篷，游乐设施的可用性要兼顾成人，同时保证环境的视觉通透性。

2. 接到儿童游乐空间的设计项目后，您首先考虑的是什么？总的设计理念从何而来?

在现代设计中，理念往往萌生于设计之初与周围居民的交流。要了解空间的使用者涵盖哪些人群，他们对游乐空间的需求和期待如何，这一点至关重要。通常他们不会有明确的设想，而我们设计师就要敏锐地抓住他们的想法，通过设计加以实现。如果设计师自己有孩子的话那就更好了，他们就能更好地理解游乐空间的使用机制及其给周围社会环境带来的影响。游乐空间的社会影响是不可忽视的一点，因为这类地方同时也是家长之间相互交流的空间，这一点在整个设计过程中都应该予以考虑。

3. 安全性是游乐空间设计中的一个重要问题。您如何在设计中兼顾安全?

根据我的经验，设计中安全性的关键在于：不要让安全性成为你设计过程中的制约因素。是的，空间需要保证所有使用群体的安全，要达到安全标准，比如说要经过英国皇家意外事故预防协会（ROSPA）的审查，但是在游乐空间的设计中，这往往会导致本末倒置。在现代游乐空间的设计中，仍然应该存在危险因素，让游乐体验有一种成就感。比如说，我们在伯吉斯公园（Burgess Park）里设置了一条 18 米长的滑梯，其中有一部分埋进 6 米高的山丘中，孩子们得爬到山顶才能玩这部滑梯。我们设置了许多通往山顶的通道，可是最终他们最爱的却是最陡峭、最难爬的那条。在这方面孩子具有某种天生的冒险性，而我们作为设计师越是能尽早理解这种现象，孩子们在我们设计的空间中就能玩得更尽兴。我喜欢看着家长和孩子们一起在伯吉斯公园的游乐场里玩得兴高采烈。对我来说，这就是游乐空间设计成功的标志。

4. 除了安全之外，设计师还应注意哪些方面？ 比如说采光和铺装等问题。

多样性在游乐空间的设计中是一个非常重要的方面。通常，家长会经常带孩子去同一个游乐场，所以对于每天使用这个空间的孩子们来说，空间的设计就要具备多样性才能吸引他们的兴趣。这种多样性可以体现在地面铺装、彩色安全地面、沙地和水景等方面，不论何种方式，总之一定要多样。柏油地面的游乐场早已一去不返。另外，地形地貌上的变化也很重要，要营造出一种空间流畅感。这能让游乐场感觉充满活力，家长可以在高处，对整个游乐空间有更好的可见性。周围是否有方便的基础设施，比如说卫生间或者小餐馆，也能对游乐空间设计的成功或失败起到重要作用。以伯吉斯公园为例，游乐场的选址就是根据小餐馆的位置决定的。二者相邻，彼此助益，这种方式应该在游乐空间的设计中推广。

5. 您是如何选择游乐设施的？ 有什么特别的要求吗？

如今，现成的游乐设施的设计已经得到了很好的改善。游乐空间的设计中可以加入许多这样的充满创造力和想象力的元素，这些游乐设施也都经过检测，符合相应的安全标准。游乐设施的选择应该与设计之初与周围居民交流的结果相符，这决定了整个游乐空间的风格和外观。比如说，你可以选择“自然游乐”的风格，采用木材和其他天然材料；也可以设计成现代风格，材料上使用闪闪发亮的金属。

近年来，自然游乐空间的设计越来越多，产生了巨大反响，许多前沿设计都采用以木材和绳索打造的大型游乐设施作为核心元素。对游乐空间的设计来说，这是一种既简单又经典的设计方法，而且空间往往具有良好的视觉连续性，同时又能为各类使用群体带来多样化的游乐活动选择。

6. 您如何看待色彩在游乐空间设计中起到的作用？您是如何运用色彩的？

正如我前面所说，这要跟委托客户和周围居民协商讨论后决定。我们在伯吉斯公园中使用了大胆的彩色地面，因为周围的环境比较暗淡、了无生气，色彩的运用能起到平衡的作用。

我们想突出这个游乐场，使之成为整个公园的核心。色彩的使用让游乐空间的形态更加丰富。所以说，在这个项目里，色彩不是安装在空间结构上的一枚螺丝，而是赋予空间鲜明特色的核心元素，是把人们吸引进来的主要手段。我也见过一些反其道而行之的成功设计，将树木和植物运用到极致，游乐空间自然地与周围环境融为一体。所以说，说到底，色彩的使用是由周围环境来决定的。

7. 在您看来，什么样的游乐空间堪称成功的设计？或者说，优秀的游乐空间应该有哪些必备元素？

游乐空间设计成功与否的终极衡量标准是看有多少人在用它，用多长时间。另外，家长在其中是否感觉舒适也是衡量设计成功与否的一个很好的标准。家长越感到舒适，孩子在里面玩的时间就会越长。

我也喜欢看到我设计的游乐空间还有意料之外的使用方式。比如说，我们在伯吉斯公园游乐场上设置了几座 1.5 米高的山丘，很快，这里就成了孩子们玩踏板车的乐园，他们把地面上的彩色漆线当作跑道，把这里开发成了踏板车越野赛场。看到这一幕展现在我的面前，那一刻真令人欣喜。

最后，我要说到家长。家长在游乐空间中也应该能找到乐趣，不论是能刺激肾上腺素分泌的超高滑梯，还是七八米高的攀爬绳网。总之，应该有一些让家长也能参与其中的游乐项目。

8. 在您之前设计的游乐空间中，您最喜爱哪个项目？它成功的关键是什么？

伯吉斯公园开创了一种新型的游乐空间设计，一种“嵌入式”游乐环境。所谓“嵌入式”，也就是说，在添加任何游乐设施之前，环境本身就已经是个游乐场了。同时，游乐场中还要有一种能够刺激肾上腺素的、令人惊叹的游乐设施。在伯吉斯公园中，滑梯就起到这个作用。你会看到孩子们排着长队，等着第 15 次或者第 20 次去玩这个滑梯。有些家长发电子邮件给我，说孩子从来没有像在这个游乐场里玩一天之后睡得那么好！收到这样的邮件是对我们工作的最好回报。

9. 您之前设计的游乐空间都是针对多大的孩子？针对不同年龄的儿童，设计上有何不同?

伯吉斯公园游乐场是针对 5 岁以上的儿童设计的。如果是在 5 岁到 7 岁这个年龄段以下，那么设计上就会大不相同了。市场上可供选择的游乐设施非常有限，而且大部分都是静止、固定的，需要依靠家长的参与才能确保游乐体验的成功。而触觉类游戏，比如沙子和水，对这类游乐空间来说尤其重要。

随着孩子长大，他们的想象力更为丰富，游乐空间设计的灵活性就更加重要，让孩子们在游戏中能充分发挥想象力。比如说，我们在伯吉斯公园中有意避免传统的游乐空间设计方法，也就是——只在平板的地面上设置几种静态的游乐设施，孩子们只能机械地加以使用。相反，我们将地面本身就设计成游乐元素，在地上再跑一圈、再翻滚一次，本身就是重要的游戏形式。当然了，也有一些固定的游乐设施，但是穿行于这些游乐设施之间的那种充满活力的感受，不亚于游乐设施本身带来的快乐。

10. 您如何看待游乐空间设计的未来趋势?

天然材料的使用在游乐空间的设计中正起着关键的作用。我最近走访了一批新建的游乐场，发现空间的布局和衔接清晰而巧妙。有的将空间隔离、独立开来，有的是给不同的空间设置主题，各个主题空间通过趣味性的方式进行开放式的衔接，孩子们在各个空间之间穿行也很顺畅。游乐空间在公园和城市公共空间的复兴规划中起到重要作用，往往成为设计的关键。因此，我们必须继续探索在游戏中有益于孩子创造力和想象力的新方法，继续让各个年龄段的儿童在我们打造的空间里尽情玩耍。

「商业区里的景观公园」

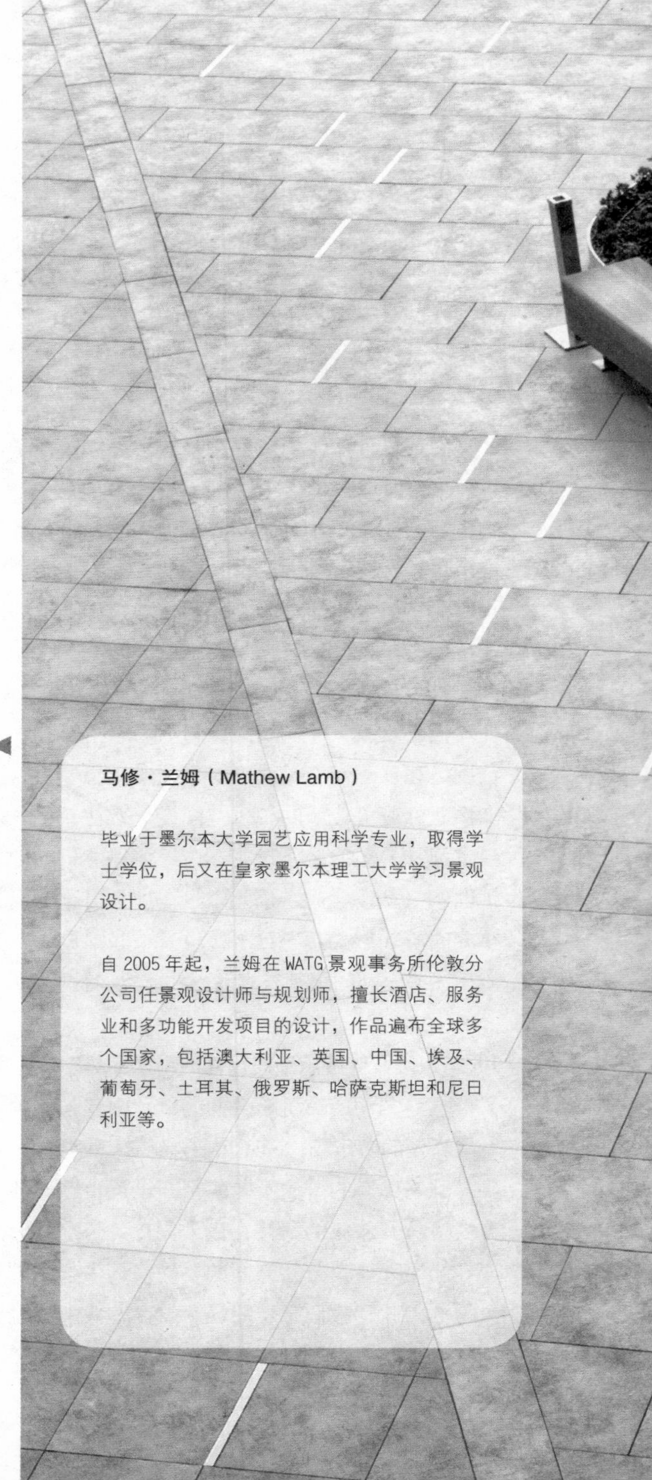

马修·兰姆（Mathew Lamb）

毕业于墨尔本大学园艺应用科学专业，取得学士学位，后又在皇家墨尔本理工大学学习景观设计。

自 2005 年起，兰姆在 WATG 景观事务所伦敦分公司任景观设计师与规划师，擅长酒店、服务业和多功能开发项目的设计，作品遍布全球多个国家，包括澳大利亚、英国、中国、埃及、葡萄牙、土耳其、俄罗斯、哈萨克斯坦和尼日利亚等。

1. 购物中心或者多功能建筑周围的景观与酒店景观有什么区别?

WATG 设计公司以其在世界各地所做的酒店服务业的设计而闻名，不过，我们也做过许多多功能开发项目，因此对这两者都比较了解。二者最主要的也是最明显的区别就是：零售空间的景观设计更注重公共性，而酒店则要兼顾公共与私人空间。零售空间的景观通常要强调不能阻挡视线或者影响行人动线。商业空间周围的景观环境对于商业利益来说往往是次要的。零售空间的景观很少会让空间的使用者去探索，而且由于其公共空间的本质，可能会对使用者有所限制或约束。

有些优秀的酒店景观有一种近乎居家的氛围。酒店的外部环境常常设计成很私密的私人空间，并且跟室内空间的功能紧密结合。度假村酒店常常在景观环境中设置蜿蜒曲折的道路，营造出不同的空间体验，走在这样的道路上，本身就是一段美好的旅程，功能区布局的简洁明晰并不像在零售空间的设计中那么重要。零售空间的使用者，我们是要诱导他去消费，而不是去探索空间，这时候效率和时间就成为设计中要考虑的关键因素。酒店的使用者已经是在消费的顾客了，他要在酒店内住一段时间，他会希望周围的环境能够更加丰富他的旅行体验。

2. 您的设计理念或者灵感通常从何而来?

在做过大量酒店服务业项目的设计后，你往往会发现灵感是来自终端使用者。我们常常自问：“顾客的体验如何？”这种方法可以适用于一切公共空间的景观设计。

佐鲁商业中心（Zorlu Center）就是应用这种设计方法的一个完美范例。在这个项目中，我们打造了多种空间，具备充分的灵活性，能够开展各种活动。我们的设计考虑到了临时性的零售空间、节日庆典场地、展览空间、舞台和银幕、时装表演、企业活动、产品发布会、儿童游乐区等各种功能。佐鲁商业中心的成功可以通过这里活动种类之多、人气之旺、带给使用者的体验之愉悦来评判。

3. 佐鲁商业中心的设计特色是什么？

这个项目的创新理念是在伊斯坦布尔市中心打造一座城市公园——市中心的绿色空间可以说是最有价值的。我们的设计通过将大型开放式空间与小型私密空间相结合，营造出一种探索、发现、游戏的感觉。一片片野花，搭配本地的树木，为公众提供了舒适的休闲环境，也提升了项目用地的生态价值。佐鲁商业中心的设计特色包括节日庆典场地、表演区、水景、铺装主广场、临时零售区、咖啡馆、休闲草坪以及草坪中央非同凡响的游乐区等。游乐区的设置对我们想要营造的游戏与发现的感觉尤为重要。我们与一家专门设计游乐空间的国际咨询公司——卡尔佛设计公司（CARVE）——紧密合作，打造了一个达到国际最高标准的儿童游乐区，里面包罗万象，各个年龄段的孩子都能使用。这个项目相当于伦敦的皮卡迪利广场（Piccadilly Circus）或者墨尔本的联邦广场（Federation Square）。我们没有采用那种常见的城市“硬景观”策略，取而代之的是借鉴大自然，将其打造成一座绿色公园，使用者可以在其中开展各种活动。

4. 交通动线是商业景观设计的重点，在佐鲁商业中心中您是如何处理的？

交通设计是这个项目面临的最大挑战。用地东侧有两个机动车停车区、一个行人入口、一个地铁站出入口以及多条行人步道，通向内部商业区。这样的交通情况已经很复杂了，雪上加霜的是，还有许多障碍物，比如通向地下停车场的坡道和包裹着整个商业区的建筑结构（叫做“外壳”），跟用地中央相连。我们设计了具有指示作用的铺装图案，与商业中心内的重要空间建立起视觉关联。重点元素以及特色区——如当地艺术家创作的雕塑、咖啡馆、喷射水景和游乐区等——都隐藏在公园内，从外面是看不到的，为愿意探索这里的人们带来无限惊喜。营造出探索和发现的感觉是我们最初的设计目标之一，这也有助于交通动线的设计——鼓励人们克服场地障碍带来的困难。

5. 您是否认为商业景观具有刺激消费的作用？

我们为佐鲁商业中心所做的并不只是购物中心周围的景观设计。这是一个多功能商业中心，我们设计的地点位于其北部，占地面积约 1.5 公顷，是一个自成一体的公园。为此，我们跟委托客户的团队进行过多次讨论，关于这个公园及其与商业实体之间应该是一种什么样的关系。最初大家关注的焦点之一就是担心这个公园跟零售空间之间会形成竞争的关系，会把人从商业空间引走。或者，人们可能会只来公园游玩，而根本不去购物中心。我们一直认为，这个公园必须放在城市环境的大背景下来看待。如果我们打造出一个非同凡响的公园，让它本身就成为市民游玩的一个目的地，我们就会把全伊斯坦布尔的人都吸引过来，当然不只是吸引到公园来，也吸引到商业空间来。这个公园还起到标新立异的作用。伊斯坦布尔有许多大型多功能购物中心项目，各类功能开发齐备，都能够满足未来发展所需。我们觉得绿色公园及其非凡的游乐区会让佐鲁中心从中脱颖而出。芝加哥的千禧公园（Millennium Park）是我们在前期设计阶段所研究的成功案例之一。我们认为这是世界上最成功的商业绿色空间设计之一。我们鼓励对公园内的各个空间建立商业品牌，我们设置了临时性的零售空间，也尽量在公园和商业中心之间建立尽可能多的联系。比如，在公园里设立舞台就是为了让室内娱乐活动搬到室外，大银幕可以放映佐鲁中心电影公司提供的影片。户外时装秀或者产品发布会意味着这个公园不是一个与商业中心分离的实体，而是后者商业活动的延续。

6. 您的项目中是否采用过新兴技术?

为了解决交通动线的问题以及公园两个部分之间相互分离的问题，我们想在一条长长的步道上利用一些互动的照明元素来建立紧密的视觉联系。我们采用的元素是 300 毫米 ×600 毫米的照明板，配有专门设计的传感器，能够为走在步道上的每个人进行单独照明。不幸的是，随着设计方案的进一步完善，建立视觉联系的方式发生了变化，那条步道的位置也变了。尽管这种互动照明元素最终没能实施，但是在早期设计理念开发阶段对此进行的探索和研究的过程还是令人愉快的。我认为就景观设计的新技术来说这是一个令人激动的时代。我们不仅有很多可持续性材料，而新的施工方法也让我们的空间设计方式有了显著的改善。拿佐鲁商业中心来说，零售空间周围的大部分铺装，下方都采用了一种塑料支撑系统，确保下方有排水空间，同时也让地面非常平整，没有难看的排水格栅。

7. 气候条件（如降雨或高温）如何影响您的设计？是否会左右您的材料选择？

我们做设计的时候总是尽力与自然和谐共存，而不是与之相违。与自然共存意味着我们尽量让“软景观”占很大比重，在采用硬质铺装或者围墙的地方，我们就尽量选择透水材料。我们还尽量采用本地的植被和材料，这样不仅能够传承地域文化，而且对本地气候也会最适应，消耗的资源也更少。伊斯坦布尔有着极好的气候条件，非常适合户外生活。我们在设计中也利用了这一点，在特定的位置布置了水景和遮阳结构，营造出舒适宜人的环境和“微气候”。游乐区的环境也很重要，我们在其内部以及周围也布置了树木和遮阳结构。

8. 关于地域特色与景观设计的结合，您怎么看？

我认为在借鉴本地特色或地域特色的时候需要特别小心。外国设计师往往不能完全理解本地元素或风俗的内涵，也不多加思考就应用到设计中来。举例来说，有些植物在某个地区可能有特定的文化内涵，在其他地方则视为普通或者没那么重要。WATG 设计公司在伊斯坦布尔有分公司，再加上伦敦分公司团队中的土耳其设计师，我们希望我们在设计中采用的当地特色、材料和植被都是恰如其分的。我们还跟当地的 DS 景观建筑事务所（DS Architecture – Landscape）合作，以便确保这一点。犯错太容易了，但是如果做得对的话，就能打造出独特的设计，让当地使用者真心喜爱。我最近看到的最好的实例就是地域特色成为简洁、现代的设计或元素的灵感之源。

DOLCE & GABBANA
DOLCE & GABBANA

第三章 / 每一栋建筑亦是每一处风景

建筑是景观的一部分，景观是建筑的属性。

曾经，人们将设计分成景观、建筑、室内三个部分，分别找专业的造园师负责景观设计，建筑师负责建筑的设计，室内设计师负责空间设计。这种情况通常会因为不同设计公司的设计理念存在差异，进而导致人为割裂景观、建筑与空间之间设计的联系，缺少整体性。随着设计行业的不断发展，越来越多的项目将景观与建筑、室内作为整体项目招标，同时也出现越来越多的具备可以同时设计建筑、景观、室内空间的设计公司，使得建筑、景观与室内融合为一体成为可能。

建筑有其特殊性，通常能够代表一个城市的繁荣程度、经济水平。因此作为城市的名片和凝聚人心的标致，大部分城市都会有地标性的建筑落成。地标性的建筑往往代表着一个城市的性格、文化和经济实力。这些地标性建筑也经常会出现在电影、明信片、海报中，它们在发挥建筑功能的同时也作为城市的一道风景而存在着。

建筑如何融入周围的环境尤为重要。作为城市的组成部分，地标性建筑也好，普通建筑也好，都要根据周围的环境来建造，尤其是周围的自然和气候环境。所以，我们会看到更多的建筑增加了立体绿化，通过垂直绿化设计以及屋顶绿化设计，将更多的景观元素融入到建筑，将建筑与景观相融合。

在本章的内容里，我们精心为您挑选了 8 位国际著名景观设计师的访谈内容，让他们为大家述说他们是怎样将景观设计融入到建筑当中，让建筑成为一道亮丽的风景，将我们的城市变得更加生机盎然，相信通过本章的阅读会让您对景观建筑一体化设计有一个更深的理解。

垂直绿化即是建筑的一部分

拉尔斯·施瓦茨·汉森（Lars Schwartz Hansen）
毕业于丹麦奥胡斯建筑学院。

拉尔斯·施瓦茨·汉森是丹麦设计师协会的成员。在丹麦 3XN 和约翰·伍重工作后，2001 年他成为意大利时尚品牌迪赛设计师，设计了各式各样的建筑，包括设计并指导建造意大利布雷甘泽的新总部。最新设计是杜卡迪的新摩托车，迪赛蒙斯特杜卡迪。

1. 在处理垂直绿化项目的时候，你能告诉我重点是什么吗?

处理垂直绿化的时候要考虑很多现实的条件。首先一条要考虑花园的周边环境，植物属性，植物品种的选择，照明，日照，水源及维护。这些只是设计师要考虑的一些问题，但是最重要的是花园的地理位置要与周围的环境以最自然的方式融合在一起。

2. 面对垂直绿化项目的时候，你认为最重要的是什么?

我认为一个普通花园和垂直花园最大的区别之一就是垂直花园需要与周围的环境融合在一起。垂直花园不能在一个空间中孤单而立；它还需要有其他的搭配。垂直绿化是植物成长的一种非自然方式，因此垂直花园的效果总是令人惊讶。这是设计总需要正确处理的一个元素，让其看起来更加自然，能够融合为建筑中的一部分。在处理垂直绿化花园的同时，还要考虑到地面，墙壁，天花板和功能区等，不仅仅只是花园。所有这些还要使垂直花园看起来更加漂亮，作为一个自然的事物与项目结合在一起，而不是可以随处放置的。最好就是要融入这个空间之中。

3. 现在对生态和可持续性的要求与日俱增，你能解释下迪赛总部这个项目吗?

作为一名建筑设计师，可持续性是在你接手一个项目之初就应该考虑的重要因素。许多细节和解决方案都受到生态和可持续性投入的影响。这不仅赋予一个项目新鲜并且富有创意的解决方案，同时也可以讲述一个引人入胜的精彩故事。迪赛总部在意大利被评为最高 A 级别，使用了特殊的节能玻璃材料，绝缘隔热材料，太阳能电池，循环水和现代先进能源储存发电机。可持续性在设计建筑中是一个至关重要的因素，最好将其以一种自然的方式融入其中，它不需要随时随地都能看得见，但是在建筑解决方案中却应该信手拈来。

4. 对于室内垂直绿化，你能解释下如何实施灌溉和废水处理的吗？那么如何进行光照呢?

垂直花园建在控制板上，后面设有灌溉系统，并且使用了 300 米长的灌溉管道。整个控制系统与电脑相连，每 6 小时就进行测量并管理其湿度。花园上一个巨大的天窗呈拱形弯曲状，因此阳光不会直射进来，但照射进来的光照却足够花园植物的生长，因为意大利夏天的光照太过强烈，不宜植物生长。直射的光照会在春秋季节时出现于花园上空，当太阳落山时会从侧面的窗户射进来，因此光照不会太过强烈，却可以为植物增加光亮和颜色。

5. 你平时最喜欢什么类型的植物？这些植物好照顾吗？

迪赛总部这个项目采用了很多户外植物，从而让花园看起来更加野性和自然。由于植物在种养初期需要更多的照料，因此 3 个月前将植物先种在温室里的，这样一来，其维护工作就减少到了最小程度。

迪赛的花园非常的大，我们加入了一些不同的花朵，从而突显出不同的季节性。选择花朵的时候注意这个品种将会开出一些新鲜的颜色，并与几个月前种植的有所区别。这样的点缀让人眼前一亮，也使得花园更加复杂，但是花园也需要更多的维护，以防植物不够强壮。

6. 迪赛总部有一面室内垂直绿化墙，你能就室外绿化和室内绿化的区别给些评论吗？

室内花园所需要的环境稳定，容易控制，温度、光照和季节变换差异不大，而室外花园却要经历很大的变化。这就需要不同的植物作为不同的解决方案。室内花园和室外花园都是令人愉快的，关键是要找到正确的植物，选出最好的品种，这样它们就会欣然生长。室内花园在物种的选择上很有限，但是室外花园几乎可以选择任何一种植物。

7. 在设计迪赛总部的时候，你的灵感和理念是怎么获取的？

垂直花园背后的想法是想要将室外的绿色与室内连接在一起，将室外的美景放进室内。迪赛总部坐落于意大利郊区，周围环绕着绿树青山。因为其周围景色是绿色的，所以室内垂直花园需要一定的体量才能引人注目，成为当地美景中的一部分。因此，总部的室内花园面积非常的大。小规模的室内垂直花园在这个特殊项目中行不通。

8. 我知道你设计了很多享有盛誉的项目，那么你认为最难的是哪一部分？你又是如何克服的呢？

垂直花园对室内有很强的冲击力，所以如果你决定设计一个垂直花园，那么你需要把它作为一个非常重要的元素来设计，开发和监督施工。你需要付出时间，第一批植物和绿色布局对于达到一个惊人的效果起着至关重要的角色。如果你想加入一个垂直绿化项目，那么你就要花费大量的时间来设计和研究。

9. 迪赛总部有 30 多个不同的物种，9000 多种植物，如何让它们和谐共生呢？

当你拥有如此大规模的一个垂直花园，你会有不同的方案来解决这些主要靠光照和温度生长的植物问题。迪赛总部的垂直花园高 25 米，在花园里有不同的生长方向。这座垂直花园的底部温度在 16 摄氏度左右，而顶部温度达 26 摄氏度左右。底部的光照比较暗，照明几乎都集中在顶部了。这些差异就要求种植不用的植物。

设计理念是想要这个花园尽量野性自然，因此各种相似的植物种植在一起形成了一片和谐景色，当你走近去发现这些植物时，你还会感受到其复杂感。最后，30 个物种和谐共生，但是在视觉上却不觉得太过杂乱。

10. 你认为垂直绿化和建筑之间有什么关系？

垂直绿化就是建筑！景观和绿化过去常常在建筑中被分成独立的元素，但是对于现今的垂直绿化来说，它已经成为建筑中的一部分。

11. 垂直绿化在城市环境中扮演了至关重要的角色吗？从哪些方面说呢？

当然，尤其是在绿化的视觉效果上。生活在城市的人们每天路过此地的时候会令他们心旷神怡，备感清新。

12. 水培型的优点和目前存在的问题，是否成本最高，为什么?

我们已经渐渐开始关注水培型植物。城市及周边环境中的很多元素都有助于理解和研究其可持续性发展。垂直绿化是一个非常有帮助的学习工具。

13. 对于选择地点（哪面墙）有什么要求，是否考虑承重问题？对高度有无上限要求?

总体上说，垂直绿化没有太多限制。植物的选择和建筑系统在高度上非常相似。考虑到其承载力，高度和其他条件，垂直绿化做到一定高度都没有问题。

14. 垂直绿化涉及很多专利技术，其专利一般是表现在哪些方面?

垂直绿化是现代建筑中一个非常重要的部分。它有能力挑战和改变现代建筑汇总的所有方面，从最开始的构思到最后的细节。没有一个具体的方面与垂直绿化相联系，因为它能够与任何环境和条件融为一体。垂直绿化的使用非常自由。

15. 垂直绿化的形状都很有限，其设计作品也通常是一面墙，它们是否有形状上的变化呢?

垂直绿化的形状没有限制。植物可以在任何地方生长。很实际的挑战就是不同的物种种植出来形成不同的形状，我的经验就是选择那些生命力强，能很快适应周围条件的植物。

16. 如果你选择开花植物，你通常会选择哪些品种？需要有哪些特殊注意的吗?

你可以种植花朵，实际上可选择的类型很多。有些你并不是经常见到，这也许是因为它们只在某段时期才开花，因此你需要选择一年中不同主题不同类型的花朵。既好看又很容易种植的植物是兰花家族。

「垂直绿化让建筑更加完整」

胡利·卡贝拉（Juli Capella）

毕业于巴塞罗那建筑学院。

经历

设计杂志 De Diseño 和 Ardi 的创始人；Domus 杂志的设计部负责人。

2009-2011 加泰罗尼亚政府文化与艺术委员会成员；设计与建筑圆桌会议成员

2001-2005 FAD（艺术与设计推广）负责人和 2003 设计之年发起人。

2000 国家设计奖提名。

1. 关于垂直绿化，能否谈谈我们需要关注的焦点是什么?

垂直绿化的设计应努力优化植物的生长环境，同时，还应考虑到植物生长的必要条件及其生长方向，尽量减少气候对植物的影响。此外，垂直绿化的设计应确保对植物进行有效地维护与保养。

2. 您认为垂直绿化中最至关重要的是什么?

植物的茁壮生长和简便的维护与保养方法是我们设计垂直绿化项目时要考虑的很重要的因素。

3. 您曾说过，更多地关注了植物灌溉系统的生态性和可持续性，您能谈谈这在巴塞罗那植物绿墙这个项目中是如何体现的吗?

该项目的植物灌溉系统通过一套自动系统来实现。该系统以水滴作为计量的系统。负责保养的团队成员在任何地方都可以通过计算机对其进行控制。

4. 巴塞罗那植物绿墙的高度很高，又是室外的项目，请您谈谈如何解决排水问题? 当遇到暴风雪和台风时，怎么办?

污水是通过独立金属结构的污水排放管道流入城市污水处理系统的，这种结构是建立在一个独立的基础结构之上，正如其他建设标准一样。

5. 哪些植物会得到您的青睐呢? 是很容易打理的植物么?

我们认为，选择当地的植物是很方便的，因为就生态方面而言，这就意味着可以进行更有效的维护和保养。

6. 您能结合例子给我们讲解一下，金属结构如何才能与植物更好地融合好呢?

关于巴塞罗那植物绿墙的设计的确与其他垂直绿化的设计不同，因为其方便的金属结构能作为植物的支撑，这对于维护和保养有着巨大的帮助。快速生长的植物遮盖了金属结构中很大的部分，这也是我们希望通过设计达到的重要目标。

7. 关于巴塞罗那植物绿墙，请问您的设计灵感是来自于哪里？

我们的设计灵感很明确——树木本身。这就是我们为本案设计独立技术构架的灵感来源。通过各种层次的设计，体现出圆柱表面的形状、动态的外观等。

8. 我们知道您设计很多出色的作品，您能谈谈最困难的是什么？您是怎样克服的？

每个项目都是独一无二的，因此就需要了解每个项目的不同需求，找出不同的解决方法，最终实现设计目的。对我来说，这就是挑战。

9. 您认为垂直绿化和建筑之间存在怎样的关系呢？

在我看来，垂直绿化就是建筑的另一种形式。以前，绿色植物是和建筑物分开的。但是随着越来越多的人开始提倡生态元素和可持续发展之后，垂直绿化就开始成为建筑不可分割的一部分，让整个建筑更加完整。

10. 垂直绿化是否在城市环境中扮演着重要的角色？主要体现在哪些方面？

这是当然的。无论是从绿色的视觉冲击还是它带给人们的感官效果来说，垂直绿化对城市环境发展都起到了至关重要的作用。这些作用主要体现在：每当我们看到这些绿色墙面的时候，它会使我们精力充沛、活力四射，以更好的状态迎接新的挑战。

11. 对于水培系统的优点和目前所存在的问题，您能否谈谈您的观点?它的造价很贵么?

水培系统是溶液培养的一个分支，也就是不用土壤，在水中栽种植物的方法，使植物吸收矿物质营养液而生长。水培系统的主要优点包括：在没有适合栽培的土壤时，使植物的产量最大化；不受环境温度和季节的限制；更有效地利用水和肥料；节省空间；机械化种植；能更好的控制植物的病虫害。与传统的土壤种植方式相比，水培系统有一个很重要的优势，它使得植物完全与土壤分离开来，让植物远离土壤引起的疾病、盐碱化问题以及贫瘠干旱的问题。水培系统省去了既耗时又费力的土壤杀菌和开垦的麻烦，使得植物能够快速成长，以达到绿化的目的。与传统的土壤栽培方法相比较，水培系统当然也有它的不足之处。如高成本和高能源的投入，以及对高超管理技术的需要等。大家都知道，如果我们安装人工的制冷或加热系统，如电风扇或加热垫，以改变植物生长的环境的话，运行成本势必会增加很多，而这些成本在进行自然种植时是不需要投入的。正因为水培系统的高成本性，决定了它的种植对象一定是具有高回报率的植物，而在一年当中这些植物的生长期通常是受到限制的。

12. 垂直绿化对于选址是否有局限?是否要考虑承重问题?对于高度是否有限制?

垂直绿化可以在任何位置。总体来说，如果采光和通风条件不是很好的地方，我们要通过辅助光照和改善通风系统来给植物一个适合生长的环境，使其能发挥生态作用，从而达到可持续发展的效果。

13. 谈到常绿植物在垂直绿化中的应用，有什么需要特别注意的么?设计师应参照什么标准?

的确，我偏爱很多植物，但如果要进行垂直绿化设计的话，恐怕我就要放弃我的这些偏好了。选择植物的时候，我们需要很多科学知识，并且利用长期实践所得到的经验，才能选出最适合的植物。通常，我们所用的植物都是当地的，所以我们最好到处转转，看看当地的哪些植物是最佳候选者。至于标准的问题，我们只有一个标准，那就是：你选择什么样的植物完全取决于你所面临的当地的环境。要确保垂直绿化方案得以成功实施，我们必须要了解当地的气候、光照、降水和其他一些因素，这样我们才能选出最恰当的植物进行垂直绿化设计。

「每一栋建筑亦是每一处风景」

阿克沙伊·考尔（Akshay Kaul）
景观设计师。

其景观规划与设计尤其注重环境，设计作品遍布印度及其邻国。考尔毕业于纽约州立大学环境科学与林业学院，获得景观设计专业硕士学位，并曾在美国知名景观设计公司彼得·沃克景观事务所（Peter Walker and Partners）任职，1995年在新德里创办了自己的公司。考尔曾在多项国内和国际设计竞赛和评奖中获胜，积极参与教学、科研和写作将近20年。

1. 在您看来，何谓“建筑景观一体化”?

“一体化”这个概念本身的含义是：建筑与景观和谐共存于同一块场地上，彼此相依，同时也与所在场地相融合。建筑和景观不是相互竞争的关系，也没有必要为谁占上风而争论。建筑和景观二者是友好的关系，与场地之间也是友好的关系。

2. 为什么建筑和景观一定要实现一体化？如果城市中的建筑与景观“分化”，对人们又会产生怎样的影响?

如果我们能够更专心致志地、有意识地观察大自然，我们会发现，大自然中有着真正完美的和谐，万物都有其存在的意义，大自然的美就是万物和谐共存所自然体现出来的美。即使我们只是看一片小树叶，里面也有无数元素以最深奥的方式构成完美的系统。看看我们人类自己的身体，本身就是一个奇迹——各个部分以最精确、最奇妙的方式交织、组合在一起，组成我们功能齐全的身体，这个身体堪称这个星球上真正的奇迹，至今无法人工再造。所以说，没有建筑和景观的“一体化”，哪里能有和谐与美呢？这种“一体化”（或者说“对话”或“和谐”或“张力”），根据设计师的想象力、偏见或偏好，可以以千变万化的形式呈现。当建筑和景观被视为一个整体来设计时，二者之间是对话的关系，而不是一先一后或者彼此无关。“一体式”的设计过程才能 让景观或者开放式空间体现出与使用者或者城市环境之间的对话关系，而不是不协调或者不相干的状态。而我们都知道，每一栋建筑，每一处景观，无论和谐与否，都会实事求是地体现出来。

3. 在一个项目中，景观设计师扮演着什么样的角色？您是否认为景观只是对建筑的一种“补充”?

景观设计师可以发挥的潜力是巨大的，取决于设计师愿意发挥出多少。任何一个项目都有着无限的开发潜能，也都需要与建筑师、客户以及其他咨询顾问进行沟通协商。景观设计师能做的包括：规划场地、调查自然生态系统、研究可持续性和生态平衡问题并通过景观设计来解决这些问题。景观是否是建筑的“补充”这种问题，我认为如果建筑师和景观设计师都能够虚心合作的话，这类问题自然就消失了。建筑师和景观设计师都应该将自己的工作视为整体设计的一部分，他们共同设计出来的作品是大自然的一部分，是组成这个星球和宇宙的自然现象和普遍法则，而不是他们个体自我的表达。

4. 在您着手设计一个项目之前，先会进行什么样的调查研究？对原有的建筑物进行研究是否是必要的步骤？是否会影响您的景观设计？

我们前期会做大量研究，不仅仅是关于建筑物的，还包括当地的自然景观、自然历史和文化历史、建筑材料、工匠和手艺人的传统和现代技术以及当地的施工技术等。我们会研究当地的自然保护森林，看看当地的植被群落是什么样的组成，大自然是否已经出现生态失衡的现象，等等。这些研究的结果都会应用到我们的设计中来。每一个项目的场地条件都不一样，我们必须从零开始，根据当地的特定情况来进行具体的设计。

5. 您对印度焦特布尔 RAAS 酒店的景观设计十分出色，能详细谈谈这个项目吗？您最感兴趣的地方是什么？最大的挑战是什么？您又是如何处理的？

在这个项目中，我们与建筑师紧密合作，试图去了解他们心中对酒店的设想。我们参观了很多历史保护建筑，看了多处当地的自然景观，也研究了当地的建筑类型。我们对当地石砌建筑的构造技法非常欣赏，工匠在手艺中倾注了他们的情感。我们大胆创新，在设计中囊括了各种空间，包括一个传统风格的花园，既有古典风情，又融入了现代技术，视觉上也非常美观。我们面对的挑战主要有三点：一是植物品种的选择，酒店住客大部分在冬季入住，而当地的植物则主要在春季或者季风期开花；

二是地理位置，酒店地处市区，建筑物密集，我们要保证酒店建筑的视野；三是当地极端的天气条件，植被不仅要能够适应气候，还要兼顾当地的历史背景和城市环境。很高兴我们成功解决了所有问题，通过精心选择植物，我们的景观设计首先解决了环境问题，然后让工匠的手艺重新回到主流景观（园艺）设计的视野。

6. 建筑和景观之间是否有界线?

我认为界线首先存在于我们心中，我们在心中将建筑、景观、城区设计、艺术、雕塑、设计等划分了界线。如果我们能够将宇宙作为一种整体现象来审视，将我们视为其中非常渺小的一部分，那么这些界线自然而然就消失了。我们越是关注大自然，尊重大自然，重视自然和人之间相互依存的关系，这些界线就会越快消散。相反，如果我们觉得自己凌驾于自然之上，或者认为我们能够掌控大自然，或者对大自然采取无动于衷的无视态度，那么这些界线就会在我们的建筑和景观中体现出来。

7. 有些设计师认为建筑景观一体化对项目的可持续性大有益处。您怎么看?

对我来说，很明显，人类的呼吸要依靠树木制造的氧气。树木一棵棵减少，不难看出我们正朝向什么样的未来迈进。在我眼中另一个显而易见的事实是：如果没有人类，只有植物、昆虫、鸟类和动物，这个星球的状况可能更好，存在得更长久。我们的寿命和生活质量正处于极大的危险中。所以，如果觉得我们作为建筑师或者景观设计师可以继续无视这些事实，那是相当愚蠢的，无异于自杀。所以，如果我们希望这个星球能够更长久、更健康地存在下去，我们就别无选择，必须采取尊重自然、包容自然的态度。

8. 关于建筑景观一体化，是否能跟我们分享一些您宝贵的经验?

我们会深入研究每一个项目所在地的自然生态系统和建筑。对我们来说，设计的美和成功在于我们是否能很好地将自然环境与建筑融入景观之中，在此基础上营造出诗情画意的环境。所以，利用景观植被降低空气温度，或者屋顶雨水溢流的设计，或者废水处理用于灌溉，等等，这些都在“一体化”的范畴中。当然，我们对建筑的朝向问题也同样关注，建筑朝向会对景观产生影响，包括建筑的线条、形态及其表现、材料及其质地，也包括日出日落、风向风力以及月光的影响，都包含在“一体化”的设计中。

9. 在某种程度上，景观设计可以说是一门艺术，与其他艺术形式密切相关。您是否认为艺术在打造原创、新颖的景观设计中起到重要的作用？您的设计作品中是如何融入艺术成分的？

这取决于我们如何定义“艺术”。是将“艺术”定义为景观的一个主题，

还是将景观定义为一种艺术，还是将“美”定义为艺术？对我来说，印度传统的观点跟我们今天对“艺术”的定义可能会有所不同。在印度，任何行为、任何世俗之物都可能上升为艺术的源泉，其中很多以某种形式保存了下来。这种做任何事情都倾注全副精力、心无旁骛、上升到艺术高度的态度，将最平凡的事情赋予诗意，变为艺术，从世俗升华到神圣。所以对我们来说，每个项目我们都试图达到“和谐世界”的状态，其中的任何方面都是相互关联的。所以，雨水从天空落下，落在植物上，再渗入地面，滋养昆虫、蝴蝶和飞鸟，让土地更肥沃，这一切在我们看来都是富有诗意的、神圣的艺术——包含了地球上万事万物的艺术，而不仅仅是一种视觉行为或形式。

10. 建筑景观一体化对建筑师和景观设计师之间的合作提出了更高的要求。您如何看待建筑师和景观设计师二者之间的关系，以及建筑和景观这两个领域的关系？

幸运的是（或者是不幸的），建筑和景观两个专业我都学过，所以我更能了解这两个领域在方法上的相似和差异。因为我一直参与建筑和景观与城区环境设计的教学，所以我能够真正理解二者都是从何而来，并知道如何去超越其局限性。我经常感到在建筑专业的课程中有必要将场地规划、场地开发和环境设计结合在一起，这是填补其间鸿沟的最基本的步骤。另外我认为，景观设计师和城区环境设计师接受的教育有助于他们更好地理解设计的大环境，因此，比起建筑师，景观设计师更适合领导整个项目的工作。在这两个领域之间有某种内在的衔接，但这种衔接在建筑专业的课程中是缺失的，因此在我们的建筑和城市中也是缺失的。我们要教给建筑师如何巧妙地让建筑成为更大范畴的环境的一部分，成为大自然的一部分，城市的一部分，就像自然界的一切生命都是生态系统的一部分。这样的理念将有助于从实质上改变建筑师这个群体的想法，他们对自然只有概念上的理解，却没有真正理解人与自然的紧密相连。

11. 在您的职业生涯中发生过什么趣事吗？有没有什么特别的人曾经对您产生重大影响？您认为什么是成为一名优秀景观设计师的关键所在？

在印度，对很多人来说，很多很多世纪以来，生活和工作是紧密相关的，二者彼此影响，就像克什米尔的纺织者会一边做披肩或者刺绣，一边背诵《可兰经》。对很多人来说，生活有着更重要的意义，是一种探寻和追求。对我来说，我的职业生涯一直受到许多先知和圣贤的启发。我设计的项目现在遍布印度各地，随着我自己不断进步，客户群体也发生了变化。我感谢过去的这些客户，他们愿意保护、滋养地球的环境，他们陪伴我一路走来。我很幸运，能够在神圣的土地上施展我的设计，佛祖曾在这片土地上冥思、散步、休憩、吃喝，克里希纳神（Lord Krishna）曾在这里玩耍、长大。更幸运的是我设计的地点还包括加德满都的帕素帕帝那庙（Pushupatinath）的神圣土地，以及像泰姬陵这样的世界文化遗产。每一次的经历都让我有所成长，然后继续前进。

这些经历让我充满能量，并且培养了我在很多方面的意识，成长出一个新的自我，反映在我现在的设计中，就是简单、包容、尊重与艺术。我的工作让我有机会去到各地，接触博学之人，让他们引导我走出迷雾的森林，通过乡村、田野、草甸以及印度和其他国家的发展脉络，去领略每一个细节的美。我曾经到过印度一些偏远的村庄和部落，一般人很少有机会去那些地方。那些地方和那里的人让我学到很多，受益匪浅。

我鼓励大家寻找自己的路、自己的命运，因为每一个个体都是特殊的、各不相同的，就像一棵树上的同一根枝杈上没有两片相同的树叶。是的，大自然就是最好的灵感之源。在那些地方度过一段时光会带给你很多灵感，让你受益良多，不论在谦虚的态度上还是专业知识上都会是很好的学习经历。

「景观是建筑的一个侧面」

德尼兹·阿斯兰（Deniz Aslan）

1964 年生于伊斯坦布尔，DS 景观建筑事务所（DS Architecture - Landscape）创始人。

德尼兹·阿斯兰在土耳其的国家级竞赛中获奖无数，在国内和国际媒体上发表了多篇文章和作品，多次参与展览会、研讨会和评审工作。在他的大力推动下，伊斯坦布尔科技大学建筑学院成立了景观系。

1. 在您看来，何谓“建筑景观一体化”？

以我的观点来看，建筑——包括景观，景观是建筑的一个侧面，是改变建筑周围环境的视野和体量的一种手段——首先具有满足人类生活和各种活动需求的功能。景观设计是一个极具灵活性的领域，好的景观设计能够营造出一种统一的、整体的环境。从这点来说，我们必须首先充分、详尽地理解建筑的设计，然后与设计团队紧密合作。换句话说，我们要与建筑设计采取相同的设计视角。另一方面，建筑师也有同样的想法。最终，我们最后的目标是解放建筑，拥抱整个环境。

2. 为什么建筑和景观一定要实现一体化？如果城市中的建筑与景观“分化”，对人们又会产生怎样的影响？

对我来说，建筑和景观不是相互分开的两个概念。在这样的语境下，好的设计就是能够被视为一个统一整体的设计。否则，景观设计就不过是由我们经常见到的一些永久性装置构成罢了。所以说，建筑可以视为景观，而景观也可以视为建筑。

3. 在一个项目中，景观设计师扮演着什么样的角色？您是否认为景观只是对建筑的一种“补充”？

多年来，景观设计师一直被视为填补剩余空白空间的人。那些空白的空间最早是用植被来填补，后来逐渐加入很多平面元素，侧重视觉效果。然而，现在的项目讲究一体式的整体设计，景观设计师也有充分的发挥空间。所以，这是一个自由的领域，景观设计师在空间体验中扮演着至关重要的角色。以我的观点来看，景观设计师是建筑的“触发器”。景观设计师最重要的任务就是打造空间感知的韵律。另外，人们可以通过景观设计师对空间的处理来感知时间。景观设计师所拥有的最强大的力量就是大自然，大自然赋予他们打造富有生机的环境的能力。从现在开始，景观设计师的任务就是将虚构的世界“建筑化”，创造出一个普遍的“微型宇宙”，而不是将环境“自然化”。

4. 在您着手设计一个项目之前，先会进行什么样的调查研究？对原有的建筑物进行研究是否是必要的步骤？是否会影响您的景观设计？

着手设计一个新项目之前，首先要去理解场地的灵魂，这是一切设计的基础。在考虑细节问题之前，必须先去认识这块场地上的自然条件和当地人的行为习惯，包括各种微观元素和宏观元素。要研究场地的地形、地貌和特点，这是必不可少的过程。

实际上，你需要收集所有相关的资料、结构图和概念图纸等。从这个角度上说，景观设计相当于一种特殊类型的考古学。从建筑中可以见出人与自然在过去的相处和碰撞，从中可以学到很多经验。在我看来，针对原有建筑物或者建筑结构和布局的最重要的步骤就是研究建筑场地，从中汲取经验。

5. 您对乌卢斯萨瓦住宅区（Ulus Savoy）的设计十分出色，能详细谈谈这个项目吗？您最感兴趣的地方是什么？最大的挑战是什么？您又是如何处理的？

这个项目的建筑设计由 EAA 建筑事务所（Emre Arolat Architects）负责，后者是我们经常合作的伙伴。EAA 建筑事务所将停车场的屋顶设计成一个断裂的结构，这就需要用景观设计确保整体结构的连贯性。这种建筑设计手法充分体现了场地的自然条件，令我们印象深刻。按照我们与 EAA 合作的惯例，我们的设计团队也加入到他们的设计过程中，以便让景观更好地烘托建筑结构。这个项目的设计过程持续了三年之久，期间做过各种各样的修改。在我看来，采用这样的设计对于委托客户来说是非常艰难的，也很冒险，而他们在这个项目的整个过程中也表现出他们的恐惧和不安。我觉得最难的部分就是他们要生活在如此惊险的环境中！建筑结构以木材和石材为主要材料，而且又与绿化带紧密结合，所以具有巨大的开发潜力，因此，本案可以视为对大自然本身的一种新的诠释。每个细节我们都跟建筑设计团队进行讨论，所以建筑和景观已经完全合而为一。然而，还是很难说服客户完全按照我们的理念实施。我们将每一个垂直断裂结构视为一块石头，屋顶平面上设置的富有韵律的圆形采光井成为景观设计的背景。这些断裂结构表面的土壤层很浅，要在这样的条件下种植本地植物，让植物看上去就像原本就生长在那里一样，这并不容易，只有重视每一个细节才有可能办到。在我看来，如此大胆的设计语汇及其追求的效果就是我们最大的动力。整个项目我们全程参与其中，最终打造出与场地融为一体的有机景观形态。将原本普通的场地变为景色迷人的所在，在不干扰建筑特色的基础上营造出独特的景观氛围，这是让我们最感到兴奋的地方。

6. 建筑和景观之间是否有界线？

有时候会有清楚的界线。然而，在我看来，“界线”这个概念本身就应该淘汰，因此，我正看到各种界线的解体。事实上，所谓的“界线”，其实是建筑（或建筑过程）的外延。首先，建筑呈现出一定的形态，然后是景观。有些项目，从其他领域的视角来看，会觉得“界线”的概念很实际，很容易。我想要强调的是：随着时间流逝，这种视角正在朝向“一体化”或者“融合”发生转变。

7. 有些设计师认为建筑景观一体化对项目的可持续性大有益处。您对此怎么看?

可持续性是一个至关重要的课题。因此，环境与建筑同样重要。我们是这个问题上的专家。而且，不仅从建筑工程的角度，而且从生态系统的角度，景观都起到举足轻重的作用。我相信在不久的将来，景观会不仅仅是户外空间的艺术装饰手段。

8. 能否详细谈谈在您的项目中，建筑景观一体化是如何具体体现出来的?

我们的设计团队认为，最根本的任务不仅仅是划定让我们发挥作用的“自由区”。我们的任务是将从前不相关联的设计领域进行衔接：与建筑相互融合，和谐共存；融入周围环境这个“微型宇宙”当中，营造相同的氛围（外在表现的“物理语汇”可能会发生变化）；并丰富这一“微型宇宙”，打造新的“景观发明”。

9. 关于建筑景观一体化，是否能跟我们分享一些您宝贵的经验?

对我们来说，非常重要的一点是：项目的建筑师要站在我们一边。因为在施工的过程中，景观设计很有可能不得不做出很多改变；这是个取决于建筑师的主观问题。于是，为了避免主观性，唯一的办法就是跟项目的建筑师紧密合作，让景观设计方案与建筑设计方案一样得以实施。我们的经验是：这绝不是巧合；我们的成功的项目都走的是这条路。事实上，有些项目我们还与建筑设计团队联手，共同呈现出一个设计方案，这样一来，我们跟建筑师是同一根枝杈上长出的树叶，同一根树干上分出的枝杈。

10. 您对建筑景观一体化的未来怎么看？您是否认为要模糊建筑和景观二者之间的分界线？

今后，建筑和景观是统一的，整体的。因此，景观设计跳出了“自学成才”的尴尬境地，进入了正规技术的世界。从这个角度上说，建筑设计和景观设计可以视为平等的关系。换句话说，既不是先有鸡，也不是先有蛋；二者彼此依存。

11. 在某种程度上，景观设计可以说是一门艺术，与其他艺术形式密切相关。您是否认为艺术在打造原创、新颖的景观设计中起到重要的作用？您的设计作品中是如何融入艺术成分的？

艺术与建筑，本身就是同一个主题。对我来说，从艺术到建筑的过程似乎很特别。然而，从诠释性和原创性的角度来看，艺术和建筑是一样的——过程和形式都可以视为某类技术专家的表演。另一方面，我不确定我们的创作领域是否像艺术家一样自由，但是我知道，我们为他们的活动打造环境。就算不正式宣称我们创作的也是艺术，其实我们在工作中也一直与各类艺术家合作。

12. 在您的职业生涯中发生过什么趣事吗？有没有什么特别的人曾经对您产生重大影响？您认为什么是成为一名优秀景观设计师的关键所在？

趣事倒是很多，不过大都难登大雅之堂。如果我想要分享这些回忆的话，我得等到退休之后，出一本八卦随笔类的书。不过有一个关于建筑师多恩·哈瑟（Doğan Hasol）的小故事我愿意跟大家分享，每当我想起这件事都会忍俊不禁。他在一本书中自己也提到过这件趣事。有一次，多恩先生请我帮他找一张野苹果树的图片，因为他正跟一位美国建筑师合作，

后者想要在项目中采用这种树。很显然，野苹果树是苹果属的树木。于是我就在网上找了一张图片发给他。多恩先生回复说，他的朋友看了图片之后说："没错，这就是我要找的植物。"然后又补充说："确实是这棵树。这就是我每天都看到的那棵树，后面的房子是我家，旁边的车是我的车！"——我发的那张图片，背景是一所房屋和一辆车。这件小事让我印象深刻，因为它让我清楚地意识到：世界是多么小，交流是多么重要！土耳其建筑师居内尔·阿克多安（G ü nel Akdoğan）教我领略了景观设计的美妙。在我的印象中，巴西现代派景观设计师罗伯托·布雷·马克斯（Roberto Burle Marx）是景观设计领域的先驱。另一方面，法国景观设计师伊夫·布鲁涅（Yves Brunier）充分展示了景观设计无尽的潜力。对我来说，优秀的景观设计师不仅能成功驾驭白天的景观效果，而且也能打造完美的夜景。因为，光线是我们感知一切的源泉。

『室内景观设计师连接室内外的桥梁』

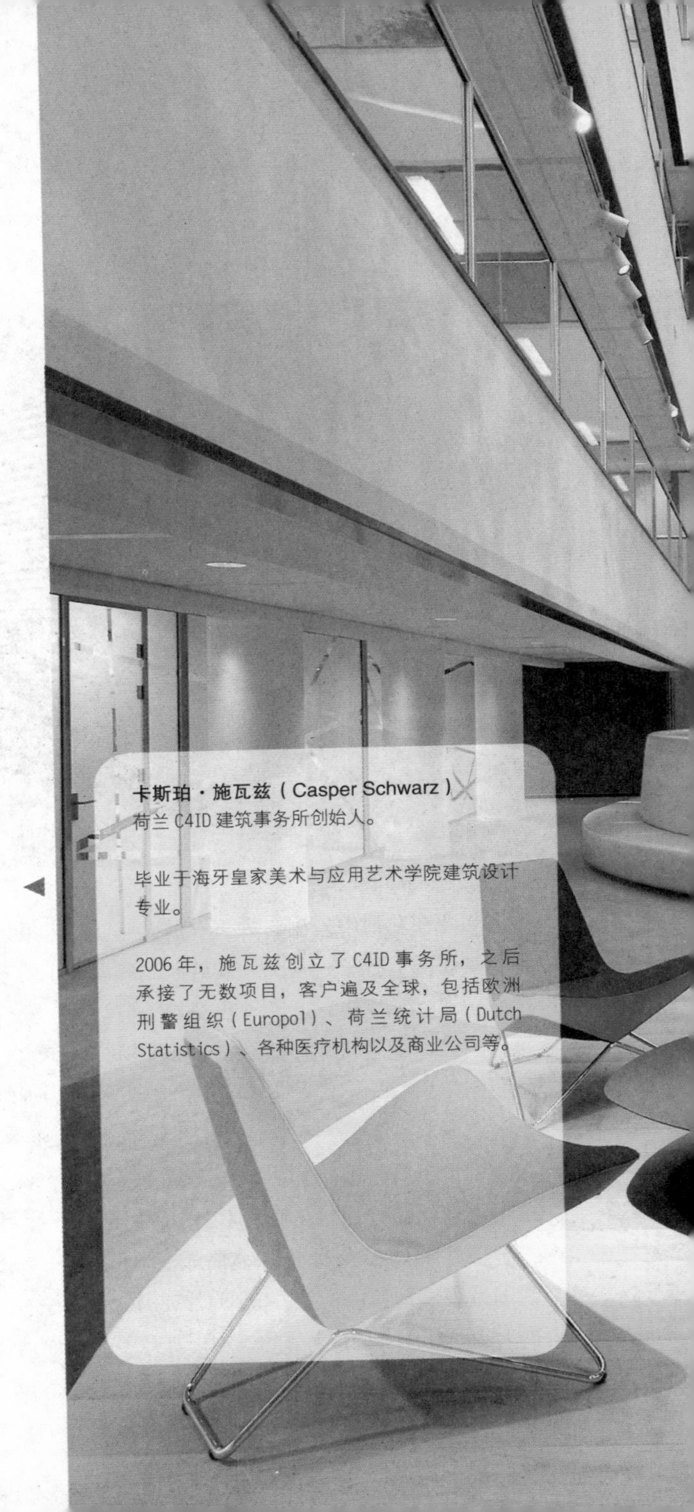

卡斯珀·施瓦兹（Casper Schwarz）
荷兰 C4ID 建筑事务所创始人。

毕业于海牙皇家美术与应用艺术学院建筑设计专业。

2006 年，施瓦兹创立了 C4ID 事务所，之后承接了无数项目，客户遍及全球，包括欧洲刑警组织（Europol）、荷兰统计局（Dutch Statistics）、各种医疗机构以及商业公司等。

1. 提到室内景观设计，您脑中最先想到的画面是什么?

是这样的画面：室内空间不再是地面、天花加四面围墙围合而成的单调空间，而是由空间的氛围来界定的。这空间环绕在你的周围，让你身处其中会感到愉快。像景观设计师一样，室内设计师也应该考虑如何使空间让人感到幸福，并影响人的社会行为。设计师应该全心投入地去设计，打造多样性的空间，赋予人们幸福感。

2. 您认为室内景观设计在室内设计中扮演什么样的角色?

现今人们的观念是：私人生活和职业生活混为一体。办公环境和城市环境也是如此。有了发达的社会媒体，人们比以往更加注重交流了。所以，建筑和景观也在发生变化，二者会越来越融合，这非常棒！这也意味着室内设计将更加面向室外环境开放，更多的群体将使用这样的室内空间。室内景观设计扮演的角色就是连接室内外的桥梁。

3. 室内景观设计中需要考虑哪些因素？对您来说，最重要的是什么？

室内景观是整体室内设计中的一部分。因此，室内设计师必须有足够的自由，才能尽量发挥创作的才思。最重要的是，必须确保环境宜人、安全、环保。

4. 可否谈谈荷兰的 PLP 律师事务所这个项目？您是如何将景观设计融入室内办公空间的？

那栋大楼里面的中庭原本是个空地，但这个空间完全可以起到更关键的作用。我们毫不迟疑地决定将其改造成楼内最重要的空间。从各个楼层上都能看到中庭，而站在中庭之中，你会觉得你处在全楼最核心的位置。要达到这样的效果，就必须在中庭的环境上做一番文章。我们采用了比较大型的元素——木质平台，既超出普通室内元素的体量，又将中庭划分为几个较小的部分。这使得中庭空间的使用更加舒适、方便。树木起到很大作用。高大的树木一直延伸到楼上，能够阻挡视线，让人们感到私密性得到保障。这些树木是各个楼层之间的连接元素。

5. 您的设计灵感通常从何而来?

要看具体情况。很多人问我这个问题，我从来没有一个直截了当的答案。灵感可以来自很多东西，但是在每个项目中，思路是逐渐形成的，越来越明晰，直到最后你突然意识到，“啊，就是它！”我喜欢这最后发现的惊喜。

6. 在 PLP 律师事务所的中庭设计中，您是否采用了某些技术来应付特定条件?

在这个项目中，我们遇到一个大问题。中庭那个楼层原本是不存在的。那栋大楼的一楼中间原来是二层通高的开敞空间。20 世纪 90 年代初期，大楼经历了翻新，增加了一个夹层，就是我们现在看到的中庭这个楼层。这也是为什么这个部分的天花举架相对较低。承包商竟然让这层楼板只有 12 厘米的厚度。所以，当我们在设计中用到高大的树木时，就碰到一个问题——如此巨大的树木，再加上种植槽内的泥土，可能会压塌楼板。这里我们采用了一项技术，那就是用真树干、假树叶。也就是说，不需要泥土，也不需要水，而且树的重量由隐藏在木质平台下的钢结构来承担。

7. 这个项目中最大的挑战是什么? 您是如何应对的?

树木就是最大的挑战。

8. 哪些因素能够让设计符合可持续发展原则? 如何对空间使用者来解释?

除了选择可持续型产品之外，我们必须在设计过程开始之前弄清楚客户的愿望和要求。这样，我们才能确保设计出来的室内空间不会在近期内需要更改。从照片上可以看到，每个元素都精致到细节，非常坚固，在正常的使用情况下，这个空间可以保证 15 到 20 年的使用寿命。

9. 未来的长期维护有什么计划方案吗？如何预计植物的未来生长？

很简单。这里不会有什么变化。树木不会生长，室内的其他元素都保持不变。只要有常规的维护措施，室内空间不会有什么问题。唯一不确定的因素就是：有一个股东有艺术收藏的爱好，中庭是他搜集藏品的地方，你不知道他会把什么放在这，又会把什么拿走。但我喜欢这样！

10. 对您来说，室内景观设计最重要的部分是什么？

为使用这个空间的人而设计，确保空间会对他们的情绪产生积极的影响，我认为这对室内景观设计来说是最重要的一部分。

用「生态走廊」连接城市与自然

蒂亚戈·西西（Diego Cisi）

蒂亚戈曾在威尼斯学习建筑设计，1993年毕业。2000年之前一直从事研究与教学工作。他在米兰理工大学曼托瓦分校主持建筑设计课程的教学工作，目前任曼托瓦、戈伊托、马尔米罗洛、罗韦尔贝拉等城市的市政府景观与环境保护顾问，是明乔河自然公园（Mincio）景观规划的主持设计师。

斯特凡诺·戈尔尼·希尔维斯崔尼（Stefano Gorni Silvestrini）

斯特凡诺曾在威尼斯学习建筑设计，1993年毕业。2000年之前一直在米兰理工大学曼托瓦分校从事研究与教学工作，目前任苏法利诺、波尔图、曼托瓦诺、维尔吉廖等城市的市政府与曼托瓦省政府的景观与环境保护顾问。斯特凡诺致力于一体化的景观设计，关注文化与环境遗产的保护与积淀。

1. 在您看来，什么是河道景观?

河道对生物多样性来说是非常重要的空间，河道景观可以打造出令人身心愉悦的空间。对于建筑项目来说，河道也是非常特别的地点。

2. 河道景观的设计通常会用到哪些技术? 这些技术是如何与场地相融合的?

为了节约开支，我们应用的都是传统技术。尤其需要注意的是材料，要特别考虑材料的经久耐用性，而且颜色要与周围环境协调。

3. 在您看来，河道景观的设计中最重要的因素是什么? 为什么?

最重要的是尊重原有的自然地貌和生物形态，在新增的景观元素和原有的自然景观之间达到一种平衡。设计要尊重原有的结构元素，不要破坏，而要通过巧妙的设计手法进行突出。

4. 在河道景观的设计中，我们应该特别注意哪些方面? 比如可持续设计方面?

我们要特别注意居住在附近、使用该空间的居民。除了对材料的正确使用之外，可持续性可以在居民对景观的爱护中体现出来。如果人们非常喜欢一个地方，经常光顾，那么那个地方自然就会在很长时间里受到较好的维护，维持良好的状态，景观也就有了较长的生命周期。从这个角度来说，景观设计的质量是很重要的；一个美丽的地方自然更会为人喜爱，吸引人经常光顾。

5. 您认为河道景观设计中最大的困难是什么? 您是如何克服的?

河道景观的设计中主要有两个问题。一是如何说服客户去采用新颖的景观形式，这一点往往还要与项目中涉足景观设计的建筑师协商；二是如何让景观吸引人前来欣赏，只有人们来到这里，你的景观设计才有意义。

为了克服这些难题，我们需要跟各行专家紧密合作，只需进行简单的沟通，就能解决问题。关键是，一定要充分认识到河道景观的价值及其未来发展的潜力。

6. 您认为河道景观的特点是什么？能否给我们列举一些？

河道景观的设计是由许多有趣的空间组成的。这些空间彼此关联，但在形态和体量上又有分别，它们构成了河道景观的复杂性。在河道附近，我们可以列出如下空间：

· 湿地（拥有丰富的生物多样性）
· 河边堤坝和公路
· 小径和空地
· 遮阴区和日光区
· 河岸
· 连接空间（如桥梁）
· 导航区

7. 河道景观和城市环境之间是什么关系？

在我们国家（一般来说在现代文化中都是），河流通常是一种象征性的符号，它会激发我们的想象，但它本身不会跟城市居民建立紧密的实际关系。我们要利用河道景观的设计来加强这种关系，打造真正的“生态走廊”，把城市和自然环境联系在一起。

8. 在设计过程中，您的灵感或者说设计理念从何而来？

我们每个项目都是根据特定的环境条件，因地制宜。首先确定一个主题，然后通过团队的深入研究，找到最适合每个地方特点的景观形式。

9. 如果项目预算十分有限，您会把钱都花在河道景观上吗？您如何让客户尽量增加设计预算？

根据我们的经验，有限的预算也能出好的设计。在意大利，有一些组织致力于改善河道环境，他们对河道景观的工程可能会很感兴趣，向他们寻求帮助可以让设计取得更好的效果。最困难的是从私人实体那里寻找资金。

10. 在您看来，河道景观设计有什么意义？

河道景观的设计意味着设计未来。未来，人们会在你设计的环境里活动、嬉戏，你设计的空间会在他们的生活中扮演重要的角色。

11. 河道景观、城市规划和人，这三者之间是什么关系？

目前，城市环境中的居民享受景观空间的机会还很少。为了改善这种情况，我们应该设计各种类型的景观空间。可以进行体育锻炼活动的空间很重要，此外，人们在景观空间里还可以沉思、用餐、工作等。景观设计要既能推动旅游业的发展，又能充分尊重我们赖以生存的自然环境。

12. 河道景观有什么设计准则？能具体谈谈吗？

很难界定出具体的标准来评判一个设计是否优秀。解决同一个问题可以有不同的方法。满足社区居民的要求，与本国整体的文化体系相融，可以从这些方面来判断景观设计的价值。

13. 您认为目前河道景观设计的现状是什么样的？

我认为机会很多，但是对于客户来说，他们还不是十分清楚，在这个领域内，有能够帮助他们实现投资回报最大化的专业设计师。

14. 能跟我们分享一些您的河道景观设计经验吗?

我们接触过景观设计的方方面面，包括实践和理论。我们设计过桥梁、自行车道等大型项目，也做过小型休闲区设计。不论什么样的项目，最重要的是质量。而对于河道景观这个类别来说，尤其要注重设计细节。如果达不到一定的设计品质，那么损失的那些不可再生的自然景观就得不偿失了。

15. 能否谈谈您对河道景观设计的未来趋势的看法?

在我们看来，河道景观是要打造这样的地方：有着不同兴趣爱好的人们相聚在这里，生活在这里，共同追求高品质的生活空间。

『植物的运用不是摆放装饰品』

简·苏基尼克（Jan Sukiennik，建筑师、设计师）

波兰华沙“137 千克”建筑事务所（137kilo Architects）创始人之一。

苏基尼克的设计涉猎广泛，小到产品设计，大到室内设计和建筑设计。他的设计突出鲜明的理念，长于缜密的分析，善于因地制宜。苏基尼克目前负责的工程是华沙的斯鲁泽斯基文化中心（Sluzewski Cultural Center），与 WWA 建筑事务所联手，已经接近竣工。

1. 在您看来，什么是室内景观?

室内景观现在很流行，也确实有益！绿色植被能让室内空间变得完全不同。不仅在视觉上能让环境更宜人，而且还能打造健康的室内“微气候”。

2. 在您公司的 B+L 制药厂办公楼这个项目中，用到了哪些关键技术？你们是如何将这些技术与特定环境相结合的?

在 B+L 这个项目中，我们与专家合作，他们在技术方面给予我们很大帮助，最终才能够实现我们的室内绿化理念。在这个项目中，既不是全用高端的自动化技术，也不是毫无技术含量；我们试图在这二者之间找到一种平衡，资金也是一部分原因。绿墙完全是自给自足的：自动灌溉系统提供水和营养，植物照明系统由电脑控制。而十字形工作区中心栽种的几棵树则需要员工自己浇水。这有利于员工的团结协作，也有助于培养责任感。

3. 您认为，室内景观设计中最重要的是什么?

我觉得，不要把室内绿化仅仅作为装饰，这点很重要。植物是活的，是生长的，运用植物不是摆放装饰品！如果在设计中采用绿墙或者栽种植物和树木，设计手法需要当心，必须确保为植物提供健康生长的必须条件。从美学的角度来看，室内环境中的植物完全具备成为焦点的潜质，所以无需再画蛇添足，增加过多设计元素会让空间不负重荷。

4. 能否谈谈在室内景观设计中，哪些因素需要特别注意？比如关于可持续设计方面。

首先要考虑你想要（或者需要）多少绿化？选择能带给你最佳效果的技术，同时要充分尊重植物。不要怕没有技术含量（比如简单的盆栽植物），视具体情况而定。关于植物的选择可以请教专家，这对提升室内空间质量大有裨益，比如有些植物能够增加空气中氧气的含量、起到净化空气的作用、具有除尘功能。

5. 您觉得设计中最大的困难是什么？如何克服？

最大的困难是客户可能压缩经费，也会担心植物未来不好维护，于是最后直接把墙刷成白色了，更省钱，更容易！我们需要清楚明了地把植物能带来的益处先跟客户讲明。

6. 您认为，室内景观和建筑二者之间是怎样的关系？

室内景观和室内设计应该相互协调，二者之间的关系在设计之初，也就是设计理念形成阶段，就应该确定下来。比如我们在 B+L 这个项目中，设置绿墙的位置与我们对空间的规划相呼应。较大空间内的绿化（比如，长长的走廊或者宽敞的开放式空间）可以处理成背景绿墙或者大面积的绿化区，有助于引导访客来深入探索空间。

7. 室内景观对城市环境是否有很大影响？在哪些方面有影响？

一个城市中公园越多，市民跟大自然接触的机会也就越多。我认为室内景观也是一样，尤其是工作环境中，要知道我们一生中很大一部分时间是在工作环境中度过的。

8. 您着手设计时，设计灵感或者设计思路通常从何而来？

这很复杂，但是一般来说我们都是因地制宜，也就是说要视具体情况而定，包括地点、功能、使用者、历史、客户、品牌等，这些变量都要考虑。我们排除干扰，分析我们面临的问题——时间、经费、安全、不同行业的不同要求、客户提出的古怪想法，等等。

这是我们形成设计理念的基础。就是说，首先满足所有这些条件，在此基础上，发挥设计才智进行丰富。我们希望我们的作品有鲜明的特色和丰富的内涵。

9. 如果整个项目预算十分有限，您是否会将所有的钱花在室内景观上？

您如何让客户增加设计预算?

如果室内景观对整个项目有很大益处，跟项目的功能也相符，那么把钱都花在上面也未尝不可。但我们不会以关键的基础设施为代价而只求标新立异，也不会牺牲办公空间应有的基本特征而让绿化反客为主。预算是固定的，但是可以运用创造性来灵活处理——可以选择需要较少基础结构和维护费用的技术（比如苔藓类植物，就比绿墙花费少）。

10. 室内景观和户外绿化二者是什么关系?

从设计的角度来说，二者视角不同，采取的设计手法也不同。室内景观通常有更多要求，它本身不是真正的自然，而是属于人工艺术品的范畴。如果一个项目当中既有室内景观，又有户外绿化，二者结合，那么对设计师来说，既是挑战，也会很有趣——或者是室内景观延伸到室外，或者是户外的大自然走进室内，二者融为一体。

第四章 / 设计治愈城市

人们建造城市的同时又在肆意破坏着城市。

长期以来由于过度重视城市的建设和物质生活水平的提高，我们忽视了城市与人、城市与自然的关系。较长时间缺乏环保意识，导致我们生存的城市也在越来越远离宜居的标准和要求。我们长时间被雾霾、粉尘、汽车尾气等污染物环绕着，似乎不戴着厚厚的口罩出门都会觉得不放心。

我们不能忘记工业化生产带来的重度污染，给城市带来了巨大的伤害。轰鸣的马达声创造了辉煌的工业产业，同时也产生了诸如重金属、有毒物质、化学污染等对于城市的永久创伤，它们存在于空气、土层甚至地下水中久久不散。这些现代化生产带来的污染正在时刻不停地破坏着人类生存的环境，危及人类的身心健康。

人类正在面临前所未有的生态危机。当前，各个国家在努力发展自身经济的同时，更多密切关注自身城市、国家所处环境中的污染问题，越来越多的绿色、生态可持续设计理念被不断提出和推行。人们不再愿意以牺牲环境为代价换取经济的增长。因此越来越多的国家开始停止城市大规模的扩张，同时将工厂远离市区，远离居民的生存环境。

在这个社会发展背景下，如何处理原有工业区因常年生产带来的对土质及环境的污染，让废墟焕发生机，治愈城市的创伤就显得越来越重要。

在本章的内容里，我们精心为您挑选了 9 位国际著名景观设计师的访谈内容，让他们为大家述说他们是怎样将棕地修复，让曾被工业污染过的城市焕发生机，相信通过本章的阅读会让您对景观建筑一体化设计有一个更深的理解。

「如何通过设计治愈一片土地」

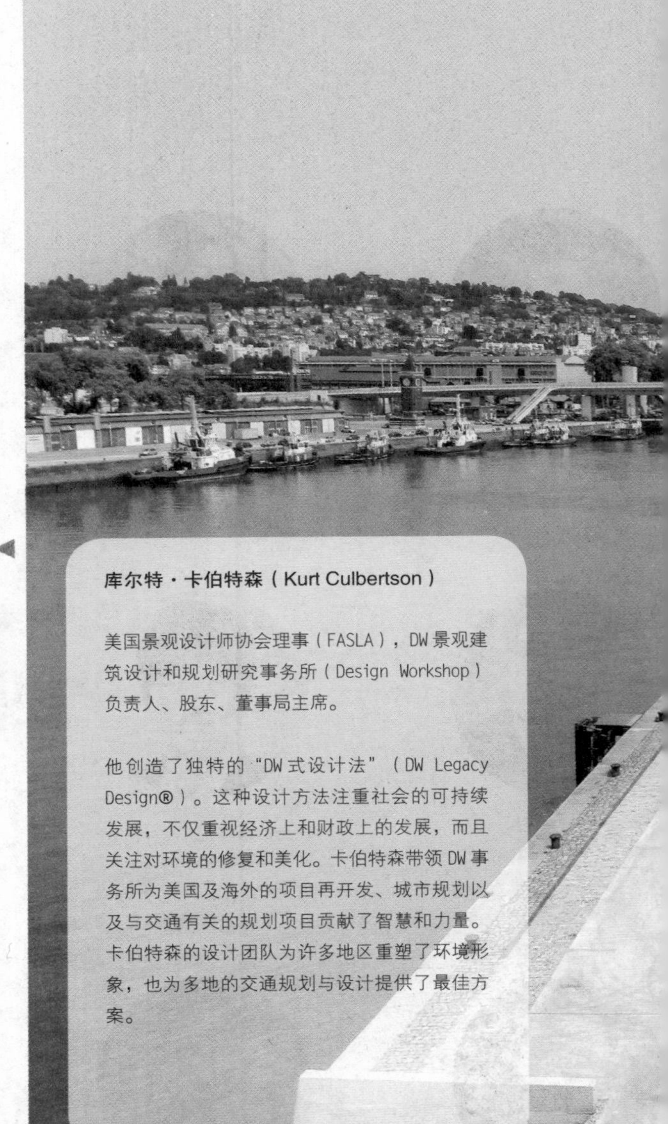

库尔特·卡伯特森（Kurt Culbertson）

美国景观设计师协会理事（FASLA），DW景观建筑设计和规划研究事务所（Design Workshop）负责人、股东、董事局主席。

他创造了独特的“DW式设计法”（DW Legacy Design®）。这种设计方法注重社会的可持续发展，不仅重视经济上和财政上的发展，而且关注对环境的修复和美化。卡伯特森带领DW事务所为美国及海外的项目再开发、城市规划以及与交通有关的规划项目贡献了智慧和力量。卡伯特森的设计团队为许多地区重塑了环境形象，也为多地的交通规划与设计提供了最佳方案。

1. 在您看来，什么是棕地?

所谓棕地，就是从前是工业用地，受到过某种程度的环境污染。有可能是有毒物质的污染，设计中必须进行覆盖，且很难修复；也可能是其他类型的污染，可以通过各种手段进行修复。

2. 棕地如何对人类产生影响？为什么说棕地的再开发至关重要?

棕地会以多种方式对人类造成影响。最早的住宅开发区不会选在毗邻工业用地的地方，除非是为低收入人群而建，他们住不起远离污染的住房。如果工厂倒闭或者搬迁，留下的不仅是污染，还有失业问题。这样一来，设计师面临的挑战不仅包括清理用地并赋予其新的用途，而且包括刺激经济发展，帮助毗邻地区恢复经济活力。

3．您认为废弃的工业用地能够改造成健康的、可持续的绿地吗？景观设计师在棕地改造项目中扮演着什么样的角色?

景观设计师对于棕地来说扮演着十分重要的角色。首先，我们要进行全面、彻底的环境分析，了解用地的污染情况。其次，我们在用地修复策略的制定当中要起到领导的作用，这其中可能涉及其他专业领域，也可能涉及植物修复（利用植物来清除污染物）。第三，景观设计师要为用地规划新的用途，要能够促进当地的经济发展，改善环境品质。第四，景观设计师可以利用生态设计原则来修复生态系统，包括改善空气和水源质量、解决雨水处理问题、创造野生生物栖息地等。最后，景观设计师可以建立一种度量系统，用来评估设计在经过一段时间的检验后是否成功，在这个过程中我们可以学到很多新东西，以期在未来有所提高。

4. 您觉得是否有必要保护用地的历史遗产？如何兼顾新功能的开发与历史遗产的保护?

景观设计师面对棕地开发时可以采取多种设计方法。其中一种就是直接进行清理，将棕地上所有的工业痕迹抹掉。然而，如果能让大家知道一块土地过去的用途，包括土地清理的始末缘由，是有其特定的教育意义的，能够告诫人们未来避免让工业开发污染环境。呈现出用地的历史，能对公众起到这种教育作用。

5. 棕地上的一切都是需要清除的吗?

这完全取决于污染的类型和程度。有些化学物质和污染物相对来说容易修复。有些要想修复就很昂贵，而利用植物来进行长期的处理则可能是最划算的。用地的工业历史留下的痕迹也可能在再开发中进行巧妙的利用。有些人会觉得古老的工业遗迹拥有雕塑一般的魅力。所以设计策略要根据用地的基本情况而定。

6. 能否介绍一些棕地开发中用到的重要修复技术?

修复技术多种多样，非常复杂，这里很难详细介绍。总的来说，像多氯联苯（PCB）这样的化学物质对人类来说毒性很强，不容易修复。受到这类污染的土地一般最好采用覆盖法，不让人接触到有毒物质。其他的污染物（如铅和砷）可以有效“固定”在土壤中，不会污染地下水，造成进一步的危害。有些化学物质（如石油化工产品），根据其复合成分，可以用多种方式加以修复。景观设计师要与环境科学家和其他领域的专家紧密合作，以便了解污染的类型，进而针对用地上发现的污染物制定特定的修复策略。

7. 不同种类的修复技术在时间上有何区别？比如清理污染土壤或者生物修复（植物修复）等；费用如何?

像生物修复这样的技术可能需要数十年的时间。必须仔细选择能够起到“超级蓄能器”作用的特定植物——也就是说，这些植物要能够非常迅速地吸收污染物。

一般来说，这种修复不会是快速的过程，费用主要是用在选择恰当的植物所花的时间上。其他的修复技术——如土壤污染物解体法和清理法等，如果植物修复法等其他方法不起作用的话，那么这些技术就很有必要了——可能需要寻找另外一块合适的土地用来处理污染物，否则的话你只是把污染问题从一个地方转移到另一个地方而没有解决。覆盖法可能需要进行仔细的用地规划，让新建的道路和建筑成为一层永久的覆盖物。极度污染的土地，尤其是核废料污染，可能最好的办法就是使其回归自然，防止人类靠近。这样的地方可能需要数千年才能恢复，这要取决于污染的类型。

8. 您公司的许多棕地修复项目都做得很好。这类项目最令您感兴趣的地方在哪？

能够治愈一片土地，修复前人犯下的错误，这个过程很有满足感。修复棕地能带来很多益处，为城市发展铺平道路。新的开发项目可以在这些地方动工，不必占用珍贵的耕地，不用让农民迁居来给新开发项目腾出地方。此外，用地的清理还能改善周围街区的居住环境。而且，这是一项在技术上具有挑战性的工作，这一点也让它更有趣。

9. 作为团队的领导人，如果现在接到一个棕地开发的项目，您会组建一支什么么样的团队？

拥有一支全面的团队，这一点非常重要。根据用地拟定的新用途，团队里可能需要建筑师、土木工程师、市场顾问、交通规划师以及其他方面的设计顾问。针对特定的棕地问题，还可能需要工艺地质学、植物修复、地下水等方面的专家（因为污染物不仅会影响土壤，也会影响水源）。城市环境野生动物专家的意见也很有价值。在我们看来，解决关于棕地的问题必须不仅满足政府关于治理污染的要求，而且要真正去积极寻求能够清洁土地的方法。我们在很多国家都发现这样的现象：在解决棕地污染的过程中，会涉及各种规章制度、行政程序和批文，而这样繁复的官僚机制最终却未能带来一片清洁的土地！我们必须牢记，我们的目标是为子孙后代改善地球的环境和我们的城市环境，而不是简单的只要符合环境规章制度。

10. 在您的职业生涯中，有没有什么特别的人曾经对您产生重大影响？您认为什么是成为一名优秀景观设计师的关键所在？

在我的职业生涯过程中，我曾经受过许多人的影响，未来也将继续受到每一代新的景观设计师的影响，虽然他们比我年轻得多，但却能给我信心，让我相信我们的行业和我们的世界都在良好地发展。我的朋友们会告诉你，我经常向我的教授罗伯特·赖希博士（Robert S. Reich）求教。赖希博士是美国路易斯安那州立大学的教授，该校景观系的创始人。他教会我认识到景观设计不仅仅是一种职业，而是一种追求。我的意思是，这是一个神奇的职业，我们为我们的星球服务，为广大市民服务。我们有机会对世界做出积极有益的贡献，我们必须全力以赴完成这项使命。

11. 您目前或者在不久的将来要做的有什么特别的项目吗？

有几个很有趣的项目，比如得克萨斯州休斯顿市的自然中心与植物园再开发项目和路易斯安那州拉斐特市新中央公园再开发项目。这两个项目跟拉斐特绿廊（Lafitte Greenway）项目一样，都是针对如何让自然回归城市的探索。不仅是营造美观的景观效果，更有修复生态系统的功能，用切实的数据来提高水源和空气质量以及野生生物栖息环境得到的改善。我们想要清楚地知道我们的设计是如何影响街区人们的健康和活动，又是如何促进社会经济健康发展的。我们相信，当环境、艺术、社会与经济同土地与社会的需求和谐结合，就会产生神奇的环境，它能够洗涤人们的心灵，兼顾可持续性与美观性，兼顾意义与品质。这就是我们的“DW式设计法”——将环境、社会、经济和艺术的问题进行全面的综合。

「设计改善城市环境」

布鲁斯·汉斯托克（Bruce Hemstock）

加拿大景观设计师协会会员（CSLA），不列颠哥伦比亚省景观设计师协会会员（BCSLA），波士顿景观设计师协会会员（BSLALEED®）。汉斯托克是加拿大不列颠哥伦比亚省和美国马萨诸塞州的注册景观设计师，是经过美国绿色建筑委员会 LEED 认证的专业景观设计师。

汉斯托克有着优异的设计和技术处理能力、项目管理和沟通技巧以及与庞大的跨学科设计团队合作的丰富经验，其设计尤其注重营造每个地方的独特氛围。

1. 在您看来，什么是棕地？为什么说棕地的再开发至关重要？

棕地就是曾经遭受过破坏、用于建设或开发的土地。棕地修复作为保护我们的环境和地球生态的一种有效手段，能够让开发项目从未受染指的土地转至曾经开发过的土地。

2. 您怎么看待棕地给人类带来的危害？棕地再开发有哪些潜在的好处？

不是所有的棕地都对人类有害。总的来说，对那些曾经受到破坏的土地进行再开发，留下一片自然的土地，确保我们在人工与天然之间保持平衡，确实是有好处的。

3. 您认为废弃的工业用地能够改造成健康的、可持续的绿地吗？

是的。在加拿大，这样的土地往往毗邻河流，市区里也有。这两种类型的地点都是开发成开放式公共空间或者公园的好地方。通过将这些受到破坏、且往往遭到污染的地方改造成绿色、健康、可持续的空间，我们也改善了水系和城市环境。

4. 景观设计师在棕地改造项目中扮演着什么样的角色?

我们的职业起到桥梁的作用，连接着建筑师、工程师和环境咨询师。通过对棕地的规划、设计与开发，我们能够将建筑环境和自然环境进行融合。

5. 在废弃工业用地的设计中会遇到哪些难题?

对我们来说，棕地修复的费用是最大的难题，因为这笔费用会让整个项目预算变得很紧张。正因如此，景观设计师不得不寻求创造性的设计策略，在预算有限的条件下设计出优秀的方案来。

6. 棕地上的一切都是需要清除的吗? 您是否认为有些东西值得保留并在景观设计中加以利用?

我们往往会去寻找用地上代表了“历史记忆”的元素加以利用，形成让人缅怀的人文景观。对我们来说，这是当地环境的一部分，也是整体设计过程的一个重要组成部分。有时候，让某些东西提醒我们过去的往事会对我们的未来产生积极的影响。

7. 在威斯敏斯特码头公园开发之前，该地的具体情况如何?

那是一个废弃的工业码头，地上和地下都含有大量污染物。码头的木板结构有 65 ~ 100 年的历史了，包括支撑着木板平台的木桩，平台的木板涂有木馏油。

8. 在威斯敏斯特码头公园的设计中，您遇到过哪些难题?

我们的设计团队主要面临两大难题。第一个难题来自新威斯敏斯特市政府，他们列出了许多希望囊括到公园设计当中的功能性元素。第二大难题是项目的进度要求，我们必须在大约 12 个月之内竣工，来自省政府和联邦政府的资金才能到位。这就意味着整个项目，从理念开发（包括咨询公众意见）到施工，必须在短短 18 个月内全部完成。

9. 您是如何解决这些难题的?

我们的团队拟定了一个重要事项列表，根据重要性来划分，有的是“必须有”，有的是“预算允许则有”。为了囊括委托客户要求的那些功能性元素，同时保持项目预算平衡，我们的团队通过采用替代性材料以及具有成本效益的、经久耐用的材料，并通过开发高效的施工方式，解决了设计与施工中面临的困难。在我们的项目进度计划中，我们有一系列全员参与的讨论会，大大节约了设计和施工图纸准备过程的时间。市政人员也参与到这些讨论会中来，对出现的问题随时给予反馈，目的是简化行政审批的过程。

10. 您公司的许多棕地修复项目都做得很好。这类项目最令您感兴趣的地方在哪?

最令人感兴趣的地方在于能够把原本对一个地方不利的因素，通过改造变成有益居民健康和我们赖以生存的生态环境的有利因素。

11. 作为团队的领导人，如果现在接到一个棕地开发的项目，您会组建一支什么样的团队?

我们通常会和环境顾问、地质工程师、土木工程师、生态学家、规划师以及该地的最终使用者来共同合作。

12. 您认为什么是成为一名优秀景观设计师的关键所在?

在我看来，一名优秀的景观设计师会去了解他要设计的那个地方的人们的想法，去满足他们的需求。他最终完成的作品反映的不是他个人的想法，而是所有相关的人们的要求，由他通过巧妙的设计来实现。

「棕地」再认识

安德里亚斯 · 基帕尔（Andreas O. Kipar）

基帕尔受聘于意大利热那亚大学（Genoa University）景观设计学院任教授，并从2009年起受聘于米兰理工大学任教授，讲授公共空间设计。

基帕尔是蓝德景观事务所（LAND Srl，全称是Land, Architecture, Nature & Development）和KLA景观事务所（KLA kiparlandschaftsarchitekten GmbH）的创始人兼董事。

1990年，基帕尔荣获意大利城市规划学会（INU–Lombardy）的公共奖项，2002年获得欧洲园林建设协会（ELCA）欧洲景观设计奖，2006年获得韦斯伐利亚北莱茵河（NRW）景观设计奖，2008年和2009年获得意大利撒丁区景观设计特别奖（Special Landscape Prize of Sardinia）。

1. 在您看来，什么是棕地?

如今，说起棕地并不意味着以前一定是工业用地，或者城市里面孤立的荒地。从某种程度上说，当代城市本身就是一种棕地，需要从基础建设的角度来看待，也就是说，如果我们想要复兴城市活力，我们需要考虑城市整体。我们要超越现代城市的禁锢，改变我们的观点和能力。我们要认识到，我们的城市是鲜活的有机体，需要从灰色变成绿色。换句话说，我们需要一种全新的设计理念，需要从绿色城市到绿色基础建设的转变。在欧洲设计理念的指引下，我们有了时尚、绿色的城市。这种巨大的转变当然需要有强大的绿色基础建设，其中“绿色”代表自然，“基础建设”代表技术。在欧洲，我们的认知是：一方面，“自然”是某种感性的东西；另一方面，“绿色”代表着技术的东西。我们不会再被技术吓倒，因为绿色基础建设就是技术。蓝德景观事务所在米兰有着 25 年的从业经验，米兰可以说一直是我们的一块试验田。事实上，在“绿色射线”（Green Rays，蓝德景观事务所设计的城市绿色基础建设全球性战略，也是米兰城市绿色规划的一部分）的框架下，如今我们已经实现了五个工业用地的成功改造，分别是倍耐力轮胎公司车间用地（Pirelli）、阿尔法·罗密欧汽车工厂用地（Alfa Romeo）、玛莎拉蒂汽车工厂用地（Maserati）、菲亚特汽车工厂用地（Fiat）和一块铁路用地。2015 年米兰将举办世博会，所以我们也将“绿色射线”战略做了调整与扩展，应用在米兰西部的世博会场地上，进而扩展到“世博景观之旅”（LET）——旨在重塑周围景观活力的一场活动。这一切得以实现全仰仗模式的转变——以一种后现代的方式实践，并在实践中学习。这是“白板”式思维方式的结果：我们不需要彻底改造自身，而是要把我们和周围的现实进行重新的组织和梳理。

2. 为什么说棕地的再开发至关重要？您怎么看待棕地给人类带来的危害？棕地再开发有哪些潜在的好处？

我们别无选择，只有利用棕地——从前的工业用地，来停止对土壤和资源的消耗。我们在追求高密度的城市，我们需要更高的密度，更好的通透性。在欧洲，我们对密度已经习以为常，习惯了居住在高密度的城市里。棕地可以在老环境和新环境之间形成一种过渡和衔接。这是未来面临的巨大挑战——通过棕地的改造和修复来为现代城市创造出新的可能性。我们有幸在这个领域有所专长，能够将“绿色射线”策略在米兰和埃森进行实践——要知道，米兰曾经是意大利最重要的工业城市，而埃森的鲁尔峡谷（Rhur Valley）曾是欧洲最重要的工业区。现在我们正着手进行其他几个重要的工业城市的项目，从都灵到威尼斯的马尔盖腊港（Porto Marghera）。我们接下来的目标是莫斯科、圣保罗、伊斯坦布尔以及中国的许多迅速发展的城市。

3. 您认为废弃的工业用地能够改造成健康的、可持续的绿地吗？景观设计师在棕地改造项目中扮演着什么样的角色？

棕地再开发，变成健康的、可持续的环境，这个过程意味着巨大的改变，其中也蕴含着巨大的机遇。景观设计师扮演的角色至关重要，景观不只是装点门面的，景观的营造带来新的发展策略。景观设计师过去曾被视为园艺师，但他们事实上战斗在整体改造的最前沿，决定着用地的改变，解决生态、经济和社会方方面面的问题。要知道，用地上的每件事都要基于土壤、水源与绿化来进行考虑，最后一切要汇成一个整体，就是我们所说的绿色基础建设。从这个角度上说，米兰蓝德景观事务所已经准备好面对这个挑战，通过 ReFIT 改造网展开一系列改造活动。这是在棕地改造、修复技术和景观设计等方面擅长不同领域的多家公司联合开展的一项合作。ReFIT 改造网项目的首要目标是通过植物修复手段来对受到污染的地区进行再开发，让这些地区能够产生可再生能源。这种创新方式能开发出新的资源，同时提升当地景观的价值。

4. 在废弃工业用地的设计中会遇到哪些难题？比如说，在蒂森克虏伯公司总部和波特鲁公园这两个项目的设计中，您遇到了哪些难题？又是如何克服的？

最大的难题是如何将所有的空间要求汇集在一个稳健、平衡的整体规划中。在波特鲁公园这个项目中，我们清除了 255,000 立方米的土壤；在蒂森克虏伯公司总部项目中，我们找到了一个收集屋顶雨水的办法，将雨水注入公园的湖中以及面向总部大楼的大集水池中。说到底，这是一个“连接”的问题——将整个环境各个构成元素的新陈代谢过程进行流畅的连接，连接的同时就营造出景观。波特鲁公园和克虏伯公园本身也都是一种连接，连接着城市的绿色基础建设——米兰和埃森的“绿色射线”规划的一部分。

5. 棕地上的一切都是需要清除的吗？您是否认为有些东西值得保留并在景观设计中加以利用？

只有现代主义的老式思维才会认为“白板策略”才是正确的方式。我确信，未来将会是完全不同的，并且我坚信我们需要尽可能保护并修复老旧工业区上的一切。工业遗产对任何项目来说都是为之增值的，它让人觉得未来是在过去的基础上真实的发展。现在的“现代化”是什么呢？我们希望“新”能够适当地介入，同时我们支持这样的观点：在“老”的基础上进行改造和修复会更好。我认为“新”与“老”两股力量的合作必将带来比“白板”更好的未来。

6. 能否介绍一些棕地开发中用到的重要修复技术？您在污染的土壤、水源、植被和废物的处理中有没有什么特别的技术和方法？

棕地修复是个有趣的问题，因为其中涉及两个变量——费用和时间。棕

地的修复与改造通常需要一个过程，发生在一段时间内。在这个转变期间内，我们可以尽量提升当地的环境价值，满足经济发展的需求。事实上，ReFIT 联合改造网的设计就是出于商业上的考虑，同时结合了棕地开发的技术，目标是从曾经遭受严重污染并受到忽视的土地中营利。这种商业模式采用了植物修复技术，以污染土地的长远恢复为目标，旨在利用大片的废弃土地来发电和供热（利用可再生能源），其设计方法以景观和环境的改善与复兴为导向，最终实现了土地增值的目的。

这些策略可以根据具体情况以组合的方式采用，实现最佳效果。植物修复技术的费用不高，并且能让土地的绿化迅速呈现出效果。土地上生长的植物作为生物量能够转换成经济增长。好的设计会让一个地区的改造随着时间的流逝带来积极的显著效果，提升土地自身的价值。植物修复技术利用乔木、灌木和草本植物来清洁土壤、水源与沉积物。这种技术可用于受到多种因素污染的地方，治理污染的同时还起到环境绿化的作用。同时还有另外一个目标，那就是通过植物修复作用让污染地重获生机，并生成可再生能源。有了这项创新的技术，土地上能够增加新的资源，有些元素还能够提升环境质量。植物带来的生物量对景观来说是一种缓和元素，能促进土壤的更新。植物的存在让土地的改造迅速呈现出不一样的面貌。如果我们同时采用几种技术，那么对土壤、水源、植被和废物的治理就变成一个连贯的过程，最终对棕地实现修复和改造。不过我们不要忘记，每个棕地改造项目都应该注意保有该地独有的景观特色。米兰的波特鲁公园就是这种一体化改造方法的一个成功范例。清除的土壤采用附近施工工地上挖掘的材料进行填充。克虏伯公园（“五山公园”）也一样要面对棕地开发的挑战，这个项目尤其关注对水源的治理。我们在俄罗斯莫斯科设计的霍登卡公园（Khodynka Park）获得了一等奖，这个项目是改造一个飞机场，这里的土壤将经历一个漫长的修复和改良过程。

7. 不同种类的修复技术在时间上有何区别？比如清理污染土壤或者生物修复（植物修复）等；费用如何？

棕地修复涉及两个变量——费用和时间。植物修复的费用相较于其他化学技术或者垃圾的清理和运输要低得多。这项技术的关键是土壤修复需要较长的时间。按照 ReFIT 改造网的方式，棕地改造所需的时间不是完全没用的，而是可以变成一段非常有价值的时间，因为绿色基础建设的投入带来土地的升值，同时，生物量的引入本身就是能够带来经济收益的一种活动。在长期修复与经济价值之间没有矛盾或者分歧，因为在修复的过程中，土地一直得到增值，直至完全修复；修复过程结束后，这些地区将从修复过程中投入的绿色基础建设中获益。我们与意大利建筑师伊塔洛·罗塔（Italo Rota）合作的塞林·乔尼斯项目（Saline Joniche）是这种方法的完美代表。天然土壤需要经历一个修复过程，在此期间，人造地平面作为替代品，从工程之初一直满足了这块土地的使用需求。

8. 您公司的许多棕地修复项目都做得很好。这类项目最令您感兴趣的地方在哪？您觉得哪个项目最具挑战性？您又是如何处理的？

我觉得可以将克虏伯公园视为最具挑战性的项目，也是我们在棕地领域做的最重要的项目。在这个项目中我们创造了一种因地制宜的灵活的策略——山丘和生物形态的小路构成了这座公园的主体结构（又名“五山公园”），实现了一种全新的景观设计手法。美国社会批评家、作家杰里米 · 里夫金（Jeremy Rifkin）的口号是“与自然停战”，而我说：与自然停战，与自然合作！不要再模仿自然、复制自然，我们现在需要诠释自然及其存在方式，让自然重获其完整性。换句话说，因为当前我们正面临着第三次工业革命，所以我们必须与自然更多地合作，以期实现长远的可持续发展，应对全球经济危机、能源安全和气候变化三方的挑战。从米兰到埃森，从埃森到莫斯科。经过几年的经验积累，我们现在能够把“与自然合作”这条原则应用到我们的设计中来，改造了莫斯科这块机场用地——霍登卡公园。这片土地是创建俄罗斯最现代化的城市公园的完美场地，在设计与自然之间达到了完美的平衡。

9. 作为团队的领导人，如果现在接到一个棕地开发的项目，您会组建一支什么样的团队？

我的团队里要有景观设计师、建筑师、城市规划师、艺术家和平面设计师。

10. 在您的职业生涯中发生过什么趣事吗？有没有什么特别的人曾经对您产生重大影响？您认为什么是成为一名优秀景观设计师的关键所在？

埃森那个项目比较有趣。这个项目始于我与埃森市长的一次散步。在米兰，他亲眼看到“绿色射线”规划的实施效果——这是米兰蓝德景观事务所打造的战略性规划，已经成为米兰官方的城市绿化规划的一部分。市长问我：“我们为什么不能也在埃森尝试呢？”我们立即着手研究埃森的情况，尤其是将埃森市南北两条河流进行连接的可能性。我们决定采用三种“垂直连接”，同时与两条水系的线性结构相连，形成一个蜂窝结构。在米兰是放射状的“绿色射线”形式，到了这里则是蜂窝形式，将全部土地囊括其中，并确保未来的发展。

这一极具挑战性的改造的成果是：如今埃森市已经成为2016年“欧洲绿色首府”的候选城市。我希望更多的市长能到埃森散步，然后说：“为什么不能在我的城市尝试呢？”

11. 您目前或者在不久的将来要做的有什么特别的项目吗?

当然有，比如说我们在莫斯科和威尼斯的项目。我们在莫斯科国际金融中心项目中应用了“绿色射线”规划，打造了一个微型绿色城市，我们称之为“平衡城市”。莫斯科这个项目的团队包括德国ASTOC建筑事务所和HPP建筑事务所，景观设计由蓝德集团旗下的KLA景观事务所负责。这一团队在最终入围莫斯科国际金融中心国际竞赛决赛的三支团队中雀屏中选。在这个项目中，我们想要将俄罗斯首都的整个一片城区进行彻底的改造。这个开发项目的设计策略是从绿色基础建设开始——事实上，绿色空间和行人步道是本案整个城市复兴规划的基础，这个新城区就在绿色基础建设的基础上发展出来，确保了良好的空间环境和生活品质、高标准的生态环境和可持续性发展。

另一方面，在距离莫斯科约2500千米的地方——威尼斯，我们正在尝试一种完全相反的方式。通过“威尼斯绿之梦”（Venice Green Dream）和2015年威尼斯世博会之门（Venice EXPO Gate 2015）这两个项目的设计，我们认为在威尼斯的马尔盖腊港可以实现一种新的战略规划。不是投入绿色基础建设，让城市可以在不久的将来呈现出绿色景观；在这里，我们面临的是数十年废弃不用的土地带来的艰巨困难。经过密集的工业活动后，在20世纪90年代，随着工业的衰退，许多地区都受到严重污染，土地废弃不用。在这样的情况下，我们正在着手修复并改造约35公顷的一片广阔土地。这个曾经的工业区首先通过“威尼斯绿之梦”项目进行初步的开发，使其重回市民和游客的视野。“威尼斯绿之梦”是一块50米见方的标志性绿地。现在我们正在着手将这片土地改造成威尼斯世博会之门。这是一个雄心勃勃的大项目，将以这块棕地改造为起点，实现马尔盖腊港重工业区复兴的宏伟战略。

12. 能否谈谈棕地开发和景观设计的未来?

从绿色城市到绿色基础建设，目标只有一个，那就是更好的生活质量。与自然合作，在这个变幻莫测的世界里打造更好的未来。关键词是“创新”，从整体的项目规划，到其中的具体过程。

为未来的使用者而设计

史蒂芬·迪·伦萨（Stephen di Renza）

在漫长而多彩的设计生涯中，史蒂芬曾涉足产品设计、零售理念以及环境设计策略等领域。

史蒂芬曾为奢华男装品牌登喜路（Alfred Dunhill）在欧洲和亚洲的店铺做过设计。美国高端珠宝品牌弗莱德·雷顿（Fred Leighton）洛杉矶店的设计也出自他的手笔。

1. 请问您如何看待室内景观？穆斯林室内景观设计有何特点?

作为一个西方人，我认为室内景观就是将传统的室外景观元素纳入建筑内部的室内设计中。

作为在伊斯兰国家工作的设计师，我的经验告诉我，伊斯兰的建筑和室内景观总是相互协调、不可分割的。穆斯林人非常注重建筑内部的设计，尤其是内庭。穆斯林国家的气候通常十分恶劣，景观设计就集中在内庭这一有限的区域内。

2. 请您介绍一下您在摩洛哥的"7 号餐厅"项目。您是如何将景观设计与室内设计相结合的?

"7 号餐厅" 在一楼，跟 "利雅得 9 号宾馆" 相通。这是一栋始建于 18 世纪的传统摩洛哥式建筑，现在是一家小型精品酒店。这栋建筑历经三年翻修，大部分都进行了彻底的重建。翻新和装修的宗旨是使用传统的本地材料，雇用本地工匠，但不是单纯的仿古。室内空间的设计有意减少装饰，只用传统的黑白两色瓷砖，搭配不多几幅大体量的摄影作品。大理石水墙和鱼池的两边各有一棵丝兰树。水池和植物的空间沉入地面以下（摩洛哥建筑通常没有坚固的地基），并安装了排水管道。设计意图就是要与建筑外面嘈杂的活动形成鲜明对比，营造宁静的空间氛围，让人们体验古都非斯特有的文化意境。这个空间明亮、通透，与传统建筑和工艺相辅相成，同时又显得舒适、现代。

3. 您在摩洛哥完成的项目中是否采用了适用于当地条件的特殊技术?

我在摩洛哥完成的两个项目都位于非斯的中古历史保护区，所以技术的运用是十分受限的。我运用的唯一现代设备就是灯光和简单的水泵。

4. 在室内景观设计中需要考虑哪些因素？您认为最重要的是什么?

需要考虑的是：空间未来的使用者是哪些人？如何使用？为什么？

5. 您认为设计最大的难点在哪里？您是如何克服的？

每个项目情况不同，要因地制宜，了解该地的气候、采光、空间特征、资金预算等问题，包括预期的效果。就我个人来说，简单化往往是个不错的解决办法。

6. 您如何理解室内景观与建筑之间的关系？在穆斯林建筑及景观设计中，这种关系是否存在不同？

我觉得在不同的文化背景下，二者之间的关系也会不同。作为一个美国人，我赞同我的同胞、建筑大师弗兰克·劳埃德·赖特的说法——100年前，他将自己的设计称为“有机的设计”。他认为建筑必须是一个有机的整体，它生长自大自然，也效力于大自然，它本身同大自然的景观融为一体，包括它内部的一切：家具陈设、植物、艺术品等。

伊斯兰建筑的一大特征是室内外空间的界限模糊，这不全是炎热气候的结果。伊斯兰哲学注重人与自然的融合，这在他们的建筑结构和景观设计上都体现出来。

7. 室内设计的环保方面对城市环境的影响如何？在哪些方面有影响？

从伊斯兰文化的角度看，环境保护是伊斯兰教的一个基本宗旨。尤其是水的使用，需要精心控制。如果设计中涉及水池，一般有三个元素需要考虑：一、水池对其所在的区域起到的加湿作用；二、水池作为一个设计元素起到的美化环境的作用；三、听觉效果，因为水池能产生一系列的声音，为原本静谧的环境加入一丝动感。

8. 您的设计灵感从何而来？请结合您的摩洛哥项目具体阐述一下。

我通常从历史中寻求灵感，将历史层层剥开，直至核心；这个“核心”就是我设计理念的基础。我在摩洛哥有一个项目，是以伊斯兰花园的七大基本要素为理念开始设计的。

这七大要素分别是：

1. 多样化。用一个统一的元素将多样性贯穿起来，做到繁而不乱。现实与理想、虚与实、真实与幻想、城市与自然，这些对立元素彼此相辅相成。

2. 美感。伊斯兰文化很注重美。伊斯兰有悠久的艺术审美的传统，美一直被视为生活必不可少的一部分。对伊斯兰人来说，美不是奢侈品，而是生活的目标。

3. 环保。前面我已经提到过，环保是伊斯兰文化的一个基本信条。

4. 因地制宜。花园的设计要与周围的规划和建筑设计相协调。伊斯兰城市的空间一定有着整齐划一的规划，即使在西方人看来这种规划并不明显。

5. 个性化。个性在伊斯兰非常重要，每个人都直接对上帝负责。在社会领域里则体现为设计的个性化。个性化就是伊斯兰的设计准则。

6. 多功能。伊斯兰花园非常重视使用功能的多样化。花园不仅为人提供食物和水，也是动物和鸟类栖息的家园。

7. 天人合一。力求达到人与自然的和谐共存。

9. 项目预算有限是设计中很常见的问题，您通常如何解决此类问题？室内景观建造成本是否会高于一般的室内建造？

通常，如果我的项目面临预算或者资源有限的情况，我都是最大限度地利用现有的条件。比如“7 号餐厅”这个项目，我用了两种当地常见的植物，石材和水也都是当地的。

10. 在您看来，室内绿化设计面临着哪些机遇和挑战？

我认为机遇和挑战都来自对每个项目具体条件的了解以及对设计效果的预期。我们需要将既定条件和预期效果进行整合，达到平衡。

11. 室内景观和室外景观之间有什么联系？

没有景观体验的生活是不平衡的生活。室内景观和室外景观都试图利用自然元素给人带来平衡。

12. 室内景观有什么设计法则？能具体谈谈吗？

我不认为室内景观有通用的设计法则。每个项目、每个地点的情况都不同：文化背景不同，气候条件不同，使用功能也不同。一个负责的设计师唯一遵循的设计法则就是充分尊重这些条件，因地制宜。

「减轻热岛效应，打造天际花园」

戴礼翔（Tai Lee Siang）

1987 年毕业于新加坡国立大学（优秀荣誉毕业生），现任 Ong & Ong 建筑事务所小组经理。

作为一名建筑师、景观规划师，戴礼翔曾获多项大奖，并兼任以下职务：

- 新加坡绿色建筑委员会（SGBC）现任主席
- 新加坡科技设计大学（SUTD）新校区规划委员会主席
- 2010 年创立“DesignS”设计协会并任主席
- 2007 年至 2009 年任新加坡建筑师协会（SIA）主席
- 2008 年任欧盟“化学品注册、评估、授权与限制机构”（REACH）环境可持续发展委员会主席

1. 屋顶绿化首先要考虑的因素是什么？关键要解决的问题是什么？您认为最大的难点在哪？

屋顶绿化首先要考虑的是确定绿色屋顶的用途。首先要问一个问题：这个绿色屋顶是以娱乐空间为主，还是以植物观赏为主？前者要侧重考虑人如何使用这个空间以及植物如何搭配。关键要解决的问题是如何确保植物存活，如何通过良好的基础设施确保植物的生长。最大的难点是如何保障后期良好的维护以确保植物茂盛生长。

2. 屋顶绿化的实施是否有局限？比如所在地的环境、气候等。

基本上绿色屋顶的设计没有什么障碍。最大的挑战就是怎样选择适合的植物种类。选择不当的话，即使有最好的环境、最好的气候，也没有用。

3. 屋顶绿化设计对高度是否有限制？如何做好保护措施？

超高层建筑的屋顶绿化设计一定要注意采光是否充足、承重问题以及选用恰当的植物种类。

4. 屋顶绿化在设计选材上有什么需要注意的?

选择适当的植物种类，确保植物能够在屋顶环境中茂盛生长，这一点非常重要。

5. 植物的根系有很强的穿透能力，那么该如何处理屋顶绿化中的渗漏问题?

注意不要选择那些根系过度生长的植物。防水方面，只要设计和施工都正确无误，这个问题就能够解决。

6. 屋顶设计中如何解决植物的灌溉以及排水之间的问题?

灌溉问题可以——也应该——很容易解决，应用的技术都很简单。现在有很多专利技术能提供植物生长所需的土壤层，排水问题也能得到很好的解决，能够确保不会发生堵塞问题。

7. 屋顶的生态环境与地面不同，如何解决屋顶环境中对植物成长不利因素？如日照过度集中、昼夜温差大、风力等。

屋顶和地面的绿化最大的差别在于：一个是人工的，一个是天然的。种植条件也存在差别，比如采光、风力和温度，显然，这就意味着在植物的选择上要根据建筑的高度来做调整。

8. 屋顶绿化的后期维护和管理如何解决?

绿色屋顶就像花园一样，也需要定期维护。绿色屋顶最大的优点在于充足的采光和雨水。因此，比起建筑的其他地方，屋顶具有种植优势。

9. 屋顶绿化设计中，植物的选择与配置是否有什么依据?

由于土壤层深度有限（土壤层太深会增加建筑荷载），所以植物的选择一般都限于灌木和小型树木。由于屋顶风力可能很大，植物的种类必须能适应这样的恶劣环境，不会很容易被风吹跑。

10. 屋顶绿化在城市规划中扮演怎样的角色？您认为屋顶绿化的前景如何？

我认为绿色屋顶能减轻城市热岛效应，美化城市环境。我的愿望是看到更多科技创新，让我们未来能选择更大型的树木，打造真正的“天际花园”。

11. 您认为绿色屋顶的发展趋势如何？

绿色屋顶的发展应该继续注重研究与开发，发明更多的绿色屋顶材料和产品。另外，后期维护也需要更好的产品来确保绿色屋顶可以用最少的精力来维护。

12. 未来的绿色屋顶会是什么样的？

未来的绿色屋顶应该致力于弥补地面损失的绿地面积（因为越来越多的建筑拔地而起）。未来的绿色屋顶应该是一种新的“地面”，集农业、花园、森林甚至山岗于一体。

13. 绿色屋顶带来的好处有哪些？

绿色屋顶带来的好处很多。比如说，减轻城市热岛效应、降低建筑吸收的热量、降低建筑能耗（因为屋顶的保温效果更好）、更多的休闲空间、更加美观（成为建筑的第五个立面）。

14. 您认为屋顶绿化与建筑之间存在什么样的关系？如何做到美观与实用的相统一？

未来的建筑必须平衡建筑形态与自然之间的关系。美观会有新的标准，比如，绿色科技会大量应用在立面和屋顶上。

15. 如何在屋顶绿化的项目中体现生态和可持续的概念？

未来的绿色屋顶必须考虑生态多样性和拟态。如果能做到这两点，绿色屋顶将成为可持续发展的一片新的沃土。

为城市未来而设计

威廉・艾尔索普（Will Alsop）

英筑普创事务所创始人威廉・艾尔索普教授是国际建筑与城市设计领域的领军人物，在亚洲、北美和欧洲的众多项目曾获奖无数。艾尔索普在2009年某杂志的民意测验投票中获得"世界最具创造力的建筑师"称号，其设计以创新、活力与激情而闻名。自20世纪80年代，艾尔索普已经在世界各地的许多城市留下他的印记，作品包括欧洲最大的规划项目汉堡港口新城（Hamburg Hafencity）、新加坡克拉克码头（Clarke Quay）、北京莱福士广场（Raffles City）、上海国际港客运中心总体规划、伦敦市长办公楼（London Mayors Offices）、多伦多夏普中心（Sharp Centre）以及伦敦佩卡姆图书馆（Peckham Library），后者荣获英国最知名的建筑大奖——英国皇家建筑师协会斯特灵奖（RIBA Stirling Prize）。

他们的业务范围涵盖各种尺度的设计，小到一只汤匙，大到一座城市，并采用多元化与跨媒体的方式整合设计过程，从平面设计和产品设计，到室内设计、建筑设计、景观设计，无所不包。英筑普创的设计目标很简单：创造更美好的生活。透过在多伦多、爱丁堡、重庆及伦敦的工作室，英筑普创设计的项目遍及全球。

1. 在英筑普创，设计师在工作时处于什么样的心理状态？充满激情还是沉着冷静，抑或其他？

威廉·艾尔索普充满创造性的设计理念来自于绘画，包括画中的图形及其拼接方式，或者来自巨幅油画中颜料在流动中的恣意挥洒。这是一个循环的过程，也就是说，新的绘画或大型拼贴画的灵感来自之前的绘画。我经常要离开事务所所在地——伦敦，去到我在英格兰东部诺福克郡的谢林汉姆镇的私人花园，进行一段集中的绘画创作。我曾经还在工作室的中央设置了一面绘画墙，工作室的员工经常会在我的指导下在上面创作大型壁画，这就是英筑普创设计的基础。这个过程可以说是充满激情和愉悦的，是一种独特的设计方式。

2. 一个项目有方方面面的因素需要考虑，英筑普创会优先考虑哪些方面？

英筑普创的设计方式主张回归人性化，即认为我们日常的生活应该是愉悦的体验，而设计是达成愉悦的关键。此外，我认为建筑环境应该作为一种艺术形式来设计，并且反对某种设计风格形成霸权，希望将设计过程从头至尾处理得流畅、透明。对我们来说，设计的关键在于开放思想。

3. 景观设计领域目前的形式如何？

景观设计应该是将我们的城镇空间连接起来的黏合剂，但是，景观往往是项目开发中的最后一步，预算非常有限。美丽的城市公共空间的范例乏善可陈。这些空间应该是充分表现出环境特色的地方，并通过互动性的设计、街道附属设施和材料来赋予空间以生命，美化周围建筑的背景环境。现在，我们缺乏令人耳目一新的景观环境，但是要想转变这样的局面，不仅需要优秀的景观设计，更需要有关政府部门和委托客户来调整他们的要求和预算。

4. 英筑普创的设计师在工作中最享受的是什么？

建筑是一个整体，色彩是我们感知这个整体的关键。建筑带给我们的感受是所有感官互动的结果，而色彩的作用不能仅仅作为建筑设计的一种额外的装饰手段来看待。我在学习建筑设计之前学过美术，还曾经教过雕塑。雕塑跟色彩的关系并不大，但也可以有关联。所以，我一直对美术和建筑都非常的感兴趣。有很长一段时间，这两方面的活动我都涉猎。但是，后来逐渐认识到二者其实是一回事。所以说，工作中的享受来自于通过改变人们对这个世界、对他们的城市以及他们生活的空间的感知，模糊了这些领域之间的界线。

5. 能否详细谈谈里尔滨水带状公园这个项目中的设计亮点或特色？

项目用地是狭长的一条，毗邻运河，周围是一些大型基础设施。我的设计初衷是让这条河流成为城市的中心，沿河修建一座带状公园。我们在河边的公共空间设置了各种体育活动区和文化活动区，目标是让城市空间的联系更加紧密，利用自然生态系统让城市环境更加可持续。这座公园让多年来已经消失的当地动植物群重新回归，采用被动式技术对水源进行氧化与清洁并为喷泉和公共照明提供能源。这条河流将城市的各个层面连接起来，强化了城市环境的延续性，将里尔市古老的防御工事向公众开放。作为公共空间，它又兼顾了风景美丽、环境健康与娱乐休闲。

6. 能否具体谈谈绿道植被和铺装的维护?

在里尔滨水带状公园这个项目中，我们希望能在不需过多维护的情况下达到最好的景观效果。在植被的设计上我们与狄西拉工作室（Atelier D' Ici La）合作，选用了多种在一年四季不同的时间段繁荣生长的植物，同时也注重选择那些不需过多养护的植物。我们把这个项目分成几个独特的区域，总的设计理念是打造一座“水城”。我们将“水”作为这个项目的出发点，围绕“水”来打造一座 21 世纪的生态之城。里尔市有些地方存在历史遗迹，所以这里的植被种类与木板路上的不同，与河岸上新栽种的植被也不同。码头上，右河岸栽种小叶椴树（右岸原有的椴树保留了一部分，与之保持一致），左河岸则栽种槐树。这样，高耸的椴树密集的叶片与槐树稀疏的枝叶形成对照。运河中栽种睡莲和菱角，能够适应水流的流动。水中设置了一系列的“水上庭院”，能够清洁水源，为水生植物营造理想的生态环境。这些小岛与德勒河（Deûle）之间的河流部分设置了一系列的宣传教育设施，向大众普及水源是如何处理的。

7. 你们在设计中是否用过哪些新技术?

为改善德勒河下游的水质，我们与远征工程公司（Expedition Engineering）合作，共同开发了一项设计策略。我们营造了一系列“水上游戏”，以此来推动水源的循环和通风，同时在水流的流动中能够完成垃圾收集。在水生环境中，许多微生物都有清除有机污染的能力。有机物的氧化过程会吸收掉所有分解了的氧气，对其他生物造成危害。因此，河流的通风能够增强其自我净化的功能，有助于维持健康的、多样化的生态系统。一般来说，水可以通过两种方式实现“氧化”：喷水口或者表面搅动。在这个项目中，我们采用搅动水面的方式来供氧；“水上游戏”翻腾的水面也凸显了河流回归城市的喜悦氛围。三个水轮以每秒 25 升的速度将水注入运河。另外两个轮以每秒 20 升的速度将水注入一条水渠，此外还有一系列的小瀑布，也有助于通风。6 米宽的瀑布是这个项目景观设计中的亮点。墙面高处设置了一个喷水口，为一系列的摇杆供水，使水流来回流动。还有一个体现动态平衡的装置：高出水面以上 3 米的一根垂直管顶部设置了一个容器，随着水流不断注入，容器越来越不稳，直到垂直管在水的压力下变弯，最终将容器倾覆。稍往上游一点，就是古老的“水门”，这里设置了两个瀑布，一边一个，水流从码头上倾泻而下，注入运河。最后，“水梯”的设置将主体水流重新引入运河。

8. 设计的理念或灵感通常从何而来?

“事务所对于‘城市设计是什么’的问题完全持有开放的思想。对我们来说，这是个没有固定答案的开放式问题。”我们将整体的城市环境视为一个交流的地方，人们彼此交流思想和信息。这意味着城市设计不只是众多建筑设计的集合，也不只是教我们如何“打造完美空间”的一套指导方针。我们更愿意对形式、色彩、功能、社会和行为等问题进行不懈的探索。我们城市的未来必定在于住在那里、使用那里的人的手中，所以这些人必须参与到城市环境的设计中来。充分的调查研究才能让我们设计出令人满意的环境，人们才愿意成为这环境的一部分，才能让城市环境中生活、工作和娱乐的方式更加灵活。我们希望通过建筑设计让生活更美好。我们追求以人为本的环境。我们会与委托客户、主要利益相关者和当地居民进行充分的交流，去了解当地人希望他们的环境是什么样的。通过这样的方式，我们已经打造了若干成功的范例。我们发现，鼓励大家将他们的想法和梦想设计出来、画出来，这样做出来的设计会超出大家的预期，也超出设计师的预期。我们避免循规蹈矩地照章办事，而是让各个要素自然地搭配在一起，抛开常规的所谓“设计目标”。通过对艺术形式和色彩的运用，我们能够利用一个地方的文化价值，在此基础上营造环境的新特色，创造美丽的建筑和环境。我们希望打造出亲民的城市环境，信息和人在其中自由地流动。各方为维护城市环境而共同努力，社区由此得到强化，变得更加人性化。

9. 绿道景观设计中最重要的元素是什么？为什么？

里尔市市政工程部部长曾说过："……造成德勒河污染的无可否认的原因，就在于里尔的城市生活污水直接排放入粪党河（Contents）。"同年，德勒河居民联合会主席做出了如下的悲哀结论："我看到曾经生活着25种鱼类的小溪逐渐变成露天排水沟，散发着令人掩鼻的腐臭和瘟疫的味道。"如果说德勒河下游上个世纪实施填河是为了免遭瘟疫，那么今天，我们要让水重新回来，并且要让这条河流的水质成为典范。我们还争取在改善水质的同时充分发挥设计的作用，让建筑与景观融为一体。我们的设计方法为环境平添了趣味性，凸显了河流回归城市喜悦之情，同时加强了环保意识的宣传教育。

10. 英筑普创在景观设计中扮演了何种角色？

景观不是在两栋建筑的衔接空间中做做表面文章，这一点很重要。每座城镇里都有大量这类空间，我们的设计旨在探寻这类空间的本质，赋予其适当的功能，而不仅仅是简单的设计。这两者之间有着天壤之别。一种是美化，往往流于对风格或传统的追求；另一种是恢复空间的使用功能，满足公众的使用需求。如果说街道可以是"城市美术馆"的话，那为什么不能是学校呢？没有店铺，却是市场；没有剧院，却上演着持续不断的表演。公共空间可以解放我们的许多重要认知，我们应该重新定义这样的公共空间。这是艺术家和建筑师的工作，需要与社区居民共同完成。我们扮演的角色是超越景观设计，我们的项目旨在为公共空间创造愉悦的体验。景观中的各种元素，其本质来源于与使用者和客户群体进行的讨论。这意味着我们设计方案中的创新元素其实纯粹是源自使用这些地方的人们的愿望。我们的角色是理念发起人，设计团队领头人的角色是将各类专家凝聚在一起，包括景观设计师和工程师等，共同为景观环境规划一个明确的目标。

11. 景观设计未来的趋势如何？

新社区的规划应该不仅是蓝图的整体规划，而应该是一系列赋予空间使用功能的设计。什么能让一个地方令人难忘？什么能够使其与众不同？一个成功的地方，其组成部分是需要时间来演变的。这不是趋势的问题，而是打好基础的问题。这是未来对话的基础；不是一套精确的标准、硬性的规定；我们创造框架结构，给未来留下创造的余地。我们营造氛围，为环境的未来发展定下基调。我们构建环境的发展能力，通过城市集约化来活跃环境的气氛。城市环境不断增长的密集度要求我们做出回应，要求灵活性和多样性来面对变化的城市文化。我们打造生活体验。在居住密度更高的情况下，我们必须凸显公共空间的多重功能，通过改善行人体验来提升生活品质，带来身心健康。攀援的巨石、美丽的花园、垂钓的海滩、丰收的果园，这些环境的设置都能为原本枯燥乏味的居住环境注入蓬勃的生机，带来缤纷的色彩。变居民区为生活馆，利用变幻的设计加强居民的社区意识。景观设计是我们探索新的生活方式、创造更多的选择的机会。

「大型树木怎样出现在屋顶景观中」

劳琳达·斯皮尔（Laurinda Spear）

美国ARQ建筑设计事务所（Arquitectonica）创始人之一。ARQ是一家国际设计公司，涉猎建筑设计、景观设计、室内设计和城市规划。

斯皮尔女士主持设计了ARQ建筑设计事务所的许多重要项目，获得过超过500个设计奖项。斯皮尔女士在ARQ公司的业务扩展方面也起到重要作用，使得公司的设计范围不仅限于建筑与规划。她首先建立了ARQ室内设计公司（ArquitectonicaInteriors），后又成立了劳琳达·斯皮尔设计公司（Laurinda Spear Products），主营产品设计，后者已有数十家国际品牌名下的150多项产品投放市场。斯皮尔女士创办了ARQ-GEO景观设计事务所（ArquitectonicaGEO），致力于环境规划与景观设计。

60
60
50

1. 广州太古汇项目融合了诸多元素，如购物、办公、餐饮、酒店、娱乐休闲等。景观设计是如何满足这些不同的功能和要求的?

这个大型项目占地面积仅有约 49 公顷，但是对开放式空间却有很高的要求。为此，我们设计了多层精细型绿色屋顶，再加上地面上的绿化和台地广场，共同构成了集公园、美食广场、活动场所等为一体的多功能空间。三层的屋顶花园面积约为 0.8 公顷，下方是零售商场，就像一间大礼堂一样在功能上和视觉上将两栋办公楼、酒店 / 公寓楼、零售商场、餐厅和文化中心等地连接起来。

2. 您认为在多功能空间中景观的作用何在? 您在景观设计的过程中是否会特别为居民和行人考虑?

这个精心设计的开发项目改善了开发商的经济可持续性发展，开放式空间的创新绿化以及绿化程度的最大化让各种使用功能实现了密集的结合。四层的屋顶花园面积约为 0.2 公顷，主要面向酒店和公寓的住户，延续了整个绿色屋顶系统的美学体验和环境价值。街道标高的景观面积约为 1.2 公顷，包括“软景观”与“硬景观”，将整个开发项目与其周围环境紧密衔接起来，同时也以一种非常有效的方式与地下火车站、地下停车场和服务区等连接起来。街道标高与屋顶层的“软景观”与“硬景观”确保阳光和空气能够通过装饰性中庭和通风井进入商场和地下停车场内部。

3. 太古汇这个项目获得了美国 LEED 绿色建筑认证，景观设计在其中有哪些功劳?

绿色屋顶以及街道标高的广场为这一商业综合体的使用者以及更大范围内的社区居民带来极具观赏性、同时又有助于身心健康的绿色环境。1 栋和 2 栋建筑获得了美国绿色建筑委员会 2012 年 LEED 金级认证，景观设计为其中每栋建筑至少做出四点贡献。首先，多个层面上的绿化有助于人们的身心健康。其次，空间布局的朝向非常明晰，融入了周围建筑构成的空间网络，带来宁静和安全感，让整体环境显得非常简洁、宜人，而且通行方便。再次，屋顶花园提供了从附近办公楼和酒店的窗口眺望自然景观的视野，研究显示，这有助于人集中注意力，缓解焦虑感，降低侵略性。第四，屋顶花园上有安静、阴凉的闲坐区，还有充满生机的用餐区，艺术设计和多媒体的利用有助于缓解精神疲劳，促进社会交往。许多植物为人们带来芬芳，为昆虫带来花粉或花蜜，其中许多植物在亚洲文化中还具有特殊内涵。

4. 您在景观设计中如何选择材料？材料是如何帮您实现可持续性设计的？

太古汇的精细型绿色屋顶，土壤深度达到约 2 米，能够种植多种大型树木和其他密集种植的本地或引进的植物，并且能够带来比传统的粗放型绿色屋顶更好的环境。大型树木的运用让屋顶具备更好的空气过滤能力和碳存储能力，能够缓和温室气体排放，植物的蒸腾作用和树荫还有助于降低温度。屋顶的绿色植被再加上混凝土铺装（当地材料，具有较高的光反射率），共同对下方的零售商场起到隔热的作用，延长了建筑的寿命，降低了建筑能耗，也减少了建筑对造成“城市热岛效应”起到的作用。绿色屋顶上的花池通过减少不透水地面，能够收集、缓和并处理雨水径流。屋顶铺装上的雨水径流会流向花池，所以花池里的植物只需少量的人工灌溉（如果需要的话），植物的选择和布置充分考虑到了场地条件、气候和设计意图。植物和土壤都来自本地。

5. 您认为在商业景观中，屋顶花园具备哪些优势？

太古汇的景观广场和绿色屋顶形成了一座“高原公园”，从这里能够俯瞰周围的城市风景。这在广州的城市环境中是一种独特的视觉体验，因为这座城市的自然地势缺乏较大的起伏。“高原公园”将车辆从户外空间体验中排除，引入一种宁静而又充满戏剧性的空间体验来取而代之。

6. 交通动线是商业景观设计中的重点。在太古汇这个项目中您是如何处理这个问题的?

人流动线是城市环境设计的根本。太古汇这个项目由于土地的开发非常密集，所以对开放式公共空间有很高的要求。我们将绿化区设置在高高的屋顶上以及三层平台上，人流动线的布置确保行人能够便捷地抵达这些地方，整体形成一个公园。我们开始设计布局时，平面图和剖面图都是基于整个场地交通动线的考虑而得出的。平台是整体景观布局的一部分，跟街道标高的几个绿化小广场一样，这些广场提供了通往上层平台、商场大门以及地铁的入口。平台的两端都设有电梯和楼梯，让行人可以方便地从街道层到达平台上。商场入口的玻璃结构内安装了电梯，中庭也设置了自动扶梯，确保室内各层空间、室外的零售空间、办公楼、酒店、文化中心以及地下停车场和火车站之间实现便捷的交通。因为商场入口和中庭是玻璃结构，从室内就能看到户外景观，从周围商业区内的办公楼内也能看到，所以人们很容易被吸引到户外广场上来，给户外的商业经营带来机遇——户外零售空间也是这个商业开发项目的一部分。

7. 您是如何处理排水问题的?

在城市环境中，有各种水的问题，需要在各个层面上解决。雨水的问题尤其困难，因为雨水会不期而至，泛滥成灾。在太古汇这个项目中，我们精心设计了一个内部灰水排放系统，能够解决这类问题，包括室内和室外。此外，绿化广场和屋顶花园的设计也能够收集雨水，缓和径流；植被的选择也尤其考虑到了如何利用雨水促进植物生长，让花坛里的植物无须另外灌溉。

8. 东西方的商业景观设计有所不同。您是如何处理这种差异的?

为西方和东方的开发项目而设计，最大的不同就是行人密度。亚洲国家有着非凡的城市环境，能够高效处理行人的流动，保障速度和舒适性。在这样的环境中设计就要求对二维空间、垂直流动和安全性进行仔细的考虑和精确的设计。

9. 如何在现代建筑与景观设计中融入地域特色?

地域特色可以包括现代元素，也可以包括历史元素。在太古汇的设计中，比如突出的玻璃天窗，就具有亚洲传统石刻的特征。景观元素——如植被——也借鉴了地域特色，成为城市环境中的一个重要组成部分——这在广州这座缺乏绿化的城市中尤其具有特别的意义。

10. 您有没有什么令人感到意外的事? 根据您的经验，您认为一个成功的项目的基础是什么?

没有什么意外。ARQ-GEO 景观设计事务所是一家前卫、创新并且注重环境意识的景观设计公司，现在正在得到全世界的瞩目。我们一直非常努力来建立我们的声誉，对待每一个客户都尽心尽力，以期帮助他们实现他们的愿景。根据我们的经验，建筑师和景观设计师以及整个顾问团队之间从最初开始就展开通力合作，还有对细节给予必要的注意，这些都是一个成功项目的基础。

用可持续理念打造自给自足的活景观

恩里克·巴特列·杜兰尼（Enric Batlle i Durany）
琼·罗伊格·杜兰（Joan Roig i Durán）

恩里克·巴特列·杜兰尼生于1956年，琼·罗伊格·杜兰生于1954年，二人都出生在巴塞罗那。1981年二人联手创建了巴特列·罗伊格建筑事务所（Batlle i Roig Arquitectes），至今已在建筑设计、景观设计和城市规划等领域有许多作品。

巴特列和罗伊格都在加泰罗尼亚理工大学（UPC）任教，曾经作为访问学者在欧洲和美国多所学校讲学。

1. 巴特列 · 罗伊格建筑事务所有许多可持续景观设计的作品，能否谈谈这些设计用到了哪些关键技术？这些技术又是如何融入每个设计中的？

我们通常将各种学科的知识作为基础来着手设计，这些学科包括建筑学和城市规划以及其他相关科学，如农学、生物学、生态学、地质学等。这就意味着，从一开始我们就要能够真正理解我们正在着手设计的这片土地——它的地貌、它的塑造潜力、它的水文情况，还有我们该如何运用原有的植被，以及预测这片土地未来会变成什么样。对我们来说，了解每个地方的客观条件并在设计中加以利用，这就是可持续设计理念的基础。

2. 能否举例说明您的可持续景观设计手法？

如果现在回头看看我们当初的设计，从最早时候的作品开始，那时候“可持续”和“环境影响”这样的词汇还不像今天这样重要，而那时我们的设计就已经体现出这些特色了，所以可以说是非常超前的。比如早期的巴塞罗那埃尔帕皮奥尔镇的罗克斯·布兰克斯公墓（Roques Blanques Metropolitan Cemetery），在设计中我们就十分注意不要影响周围的乡村环境，形态上跟当地的自然地貌融为一体。又如巴塞罗那特里尼塔公园（Nus de la Trinitat）的景观设计，我们对同期施工的其他大型工程开掘出来的土壤进行了再利用。

新的生态理念让我们的设计视野更广，改变了我们的设计常规，让自然环境在我们的作品中占有更大的比重。比如说，巴塞罗那比拉德坎斯镇的圣·克莱门河床改造工程（Sant Climent）。我们将河床打造成连接略夫雷加特三角区山峦和农田的一条“自然走廊”，大片的土地在暴雨或者河水泛滥的时候起到了天然水库的作用。再比如，巴塞罗那格拉夫镇的乔安牧场项目（Vall d’en Joan），那里的环境问题十分复杂，我们需要根据当地环境以及农业耕地方面的知识再创造一片全新的景观和公共空间。又如，略夫雷加特河环境复兴工程这个作品，无疑是可持续设计的一个典型范例。

3. 在您看来，可持续景观设计最重要的是什么？您在着手设计这类作品的时候，灵感或者设计理念从何而来？

任何设计都应该以充分了解当地环境条件为基础。每个地方有它特定的开发潜力，也有它的局限，“可持续设计”意味着在这些条件的基础上因地制宜。理解了这一点，你就会明白，在运用三大设计工具——地貌、水文和植被——的同时，我们的设计前提是：一定要确保利用原有的景观环境，在原环境的基础上，寻找最佳的设计方案。另外，我们坚信：我们的作品是“活的”，也就是说，不随我们的设计工作结束而终结。我们的理念是：打造自给自足的景观，使其成为当地自然环境的一部分，在废物排放方面尽量减少对环境的损害。我们的很多作品都是分期进行设计的，有的长达十多年之久，这样，我们就能够看到这些景观怎样发展演化，能够看到多年前的设计策略在实践中效果如何。

4. 在可持续景观设计中，我们应该特别关注哪些因素呢?

利用既定的地形地貌；水文设计也很重要，水是 21 世纪社会的基本资源。这两方面都是可持续景观设计中的关键因素。除了这两个主要的方面，我还想再加上材料的选择以及植被的使用，一定要与当地的土壤和气候条件相符。每一处景观中都包含各自的机遇和挑战。设计师要能够抓住每个地方只可意会不可言传的东西，挖掘其开发潜力。

5. 在您作为一名景观建筑师的职业生涯中，您认为最大的困难是什么? 您是如何克服挑战的?

尽管景观设计往往跟大体量的工程联系在一起，但毫无疑问，我们的设计是为“终端用户”提供服务的，也就是最终使用这个空间、欣赏这里

风景的人。这就是为什么我们常说“体量交叉”，意思就是说，既把握宏观的环境,又注重细节的打磨,既放眼全球,又立足眼前。建筑师乔斯·安东尼奥·埃斯比洛（Jose Antonio Acebillo）对此有个比喻：卫星和放大镜，缺一不可。

这种二分法的设计，兼顾宏观和微观，是景观设计的内在本质所要求的，而且很可能在人类的所有活动中变得越来越重要。在我们的设计中，我们力图对宏观的全球视角和眼前的特定条件给予同等的重视。对于个人来说，当你漫步在一个景区中，细节才是最终决定这个空间质量的关键，但同时知道我们的设计也在紧随全球景观设计的浪潮，这也很重要。略夫雷加特河环境复兴工程就是这类设计的一个实例。

6. 在您看来，可持续景观与建筑之间是什么关系？可持续设计是否对城市环境有重要影响？在哪些方面有影响？

城市公园在 19 世纪开始出现，那时人们认识到城市发展得越来越大，城市环境中需要自然。到了 20 世纪后期，很明显，不仅市中心需要景观了，大大小小的城市占据着很多国家的大部分土地，这些地方全都面临着景观问题。随着人们对生态的逐渐关注，对大都会的环境问题也逐渐重视，诞生了一种新型的设计：不是简单的改造街道、新建公园或者在乡村中僻出一小块地来做景观。现在，新型的设计正在试图超越过去那种开辟一块土地然后兴建基础设施的基本模式，现在的设计是对受到污染的环境进行修复，让处于半废弃状态的农田重焕生机，或者是利用大城市中仅存的生态环境。

这种全新的视角更关注生态，但同时也没有抛弃景观设计传统的一面。这样的设计，虽然最终呈现出来的仅仅是公共空间，但是其实解决了更多样化、更复杂的问题。这种全新的公共空间通常采用很古老的材料（土壤、水、植被等）。我们今天看到的自然景观大多是农耕这一重要的人类活动的遗留产物，新型的景观设计以保护或改造这些自然景观为己任。

7. 在着手设计之前，是谁决定一个工程要符合采用可持续理念？客户还是您？

我们的设计通常会试图兼顾客户的要求和使用者的需求。但我们也有自己的判断，会跟现行的可持续设计标准相匹配。就这样，可持续的理念包含在我们每个设计中，成为一种附加价值，不论客户是否要求。

不过，跟我们合作的客户，大部分确实会对可持续设计有所要求，因为他们知道这是我们的设计风格，也认同我们的理念和设计标准。

8. 如果工程预算非常有限，是否会影响可持续设计理念的实施？

如果预算很少的话，确实会影响某些技术或者施工方法，但是永远不应该影响到一个工程是否符合可持续理念。我们接手一个新工程的时候，在初期的设计构思阶段，我们不想让预算成为寻找最佳方案的障碍。对我们来说，考虑如何将未来的维护费用降到最低更加重要。技术手段可以很灵活，能够适应任何预算。

第五章 / 没有水的地方就没有风景

水，可以让景观呈现灵动的生机。

水是生命之源，也是景观设计的灵魂，我们通常看到的景观设计，除小品外，大部分都包含水元素，譬如滨水景观、雨水花园、河道景观等。在景观设计时，如何将水融入景观之中，发挥其灵魂作用，是非常重要的。有了水的存在，总能够吸引更多的生物在其周围栖息、繁衍，进而营造出一个存在于城市中的自然天堂。这样的景观是人类需要、向往和渴望的。我们喜欢坐在长椅上，聆听虫鸣鸟叫的天籁之音，享受时光给予的种种美好。在给景观带来生机的同时，通过水敏设计能够发挥景观的海绵作用，对水及土壤的保持也是至关重要的。近些年，随着人类对自然环境破坏的程度逐渐加深，气候的变化也愈加恶劣，很明显的表现就是降水量越来越不均衡。我们会经常看到有些地区遭受暴雨的肆虐，城市排水系统瘫痪，马路被淹没，汽车被雨水淹没或者只能够看到一个个车顶，甚至还出现了人员的伤亡。这些惨痛的事实让我们看到了城市对于雨水的抵挡能力是如此脆弱。与之相反，有些地区却会因降雨量的稀少而导致重度干旱，城市仿佛在枯萎，大片树木和草地枯死，即使人们每天都在喷洒浇淋，也阻挡不住干旱对城市的摧残。面临这些生态问题，景观设计师们正在用他们的智慧不断探索和尝试着，在景观设计中重视和发挥水元素，突显城市的海绵作用，在降雨量大的时候可以通过城市景观对其进行更多吸收和储存；在遭遇干旱的时候又可以保持水源的适度供给。通过景观设计可以适当调节城市因缺雨或者多雨所带来的问题和麻烦。

在本章的内容里，我们精心为您挑选了 4 位国际著名景观设计师的访谈内容，让他们为大家述说他们在设计过程中是怎样将水融入到景观设计之中，如何让水焕发生命力。相信通过本章的阅读会让您对景观设计中的水元素有一个更深的理解。

「水敏设计打造活力城市」

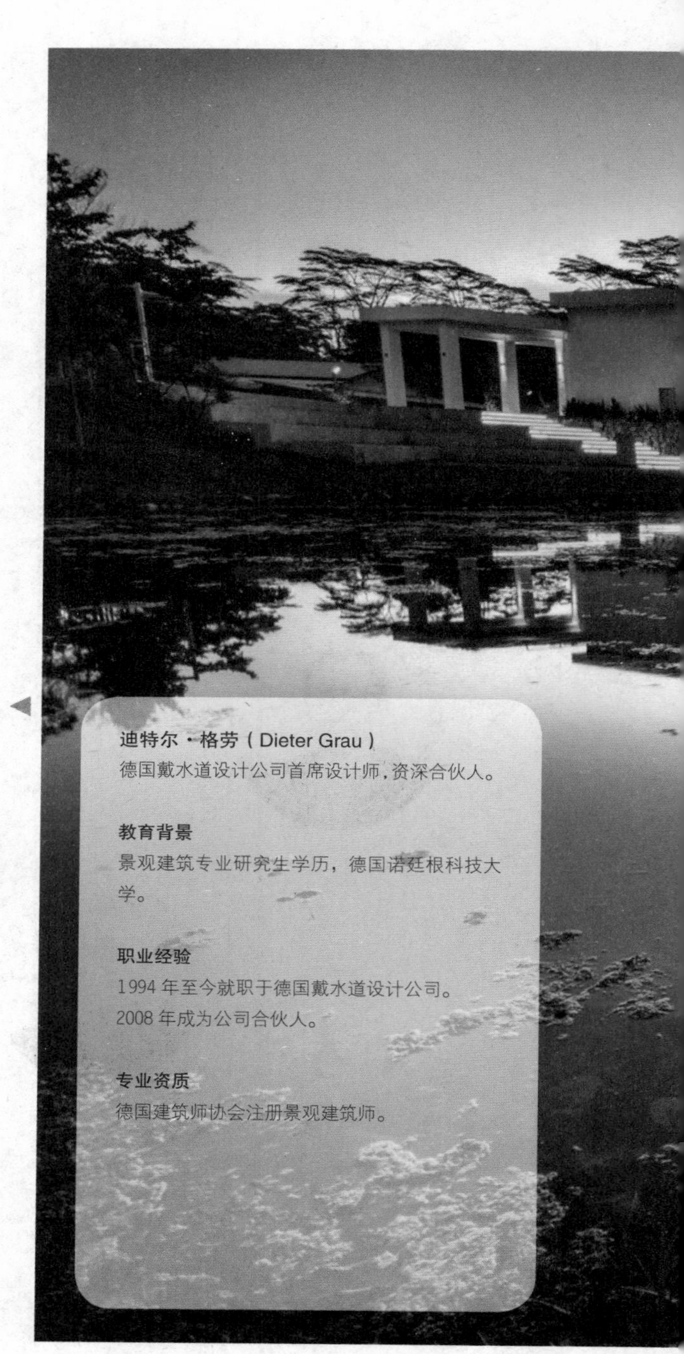

迪特尔 · 格劳（Dieter Grau）
德国戴水道设计公司首席设计师，资深合伙人。

教育背景
景观建筑专业研究生学历，德国诺廷根科技大学。

职业经验
1994 年至今就职于德国戴水道设计公司。
2008 年成为公司合伙人。

专业资质
德国建筑师协会注册景观建筑师。

1. 中国是一个发展中国家， 人口众多。对于当今中国各大都市而言，合理运用水资源、严格控制水污染以及保证健康饮用水的供应仍旧是一项艰巨挑战。您对此有什么想说的?

在许多亚洲国家，目前的发展模式注重市政基础设施的功能性和操作性，不断兴建的混凝土结构河道和沟渠进一步将自然和人工建成环境隔绝开来。比方说，在具体的开发工作中，城市设计师和景观设计师在美化河岸时，没有考虑到河段的宽度、城市的江河网络以及它们对自然和城市环境的影响，以至于限制了水体净化设施的改进，脱离了土壤、水源和植被的生态途径。所幸各国领导人和地方政府渐渐开始意识到生态敏感性城市发展战略以及转换水资源管理执政策略的必要性，否则快速的城市化将成为活力城市的永久性威胁。

2. 由于自然水资源、绿地系统和城市模式的分离，加上快速城市化和雨水径流的快速管道收集，城市环境变得日益干燥。该如何处理这个问题?

解决以上问题的关键方法便是将水融于自然环境体系，紧密与城市模式相切合，从而实现切实可行的可持续性发展。

绿地系统、公园、江流和绿道不仅仅能够装饰街道和建筑，而应发挥更大的作用。作为整体网络的一部分，蓝绿资源（绿植和水体）在保护和维持城市自然环境和改善居民生活质量方面所起的作用不容忽视。我们必须改掉旧习惯并更正“建筑优先，植被、水体以及硬质铺装随后插缝”的旧观念。未来的城市模式应作为一种功能丰富的体系，具有清晰可见的表观，而其不可见的部分则足够支撑我们的生存，同时为未来续留资源。城市的重要组成元素如森林、自然公园、河流和绿色植被等，作为城市运行的重要部分，应该在开发的最初阶段即被确定下来。

3. 如何能达到生态城市区域这一概念水平?

伴随着城市的飞速发展，城市不透水地层的总面积也迅速扩大。大雨倾盆时，暴雨径流导致河流满溢，不得不提高大坝的高度以保护城市免受洪水灾害侵袭。在此情形之下，可采用分散的理念改善城市对其自然资源的利用状况，且改进措施可应用于城市的区域水平。

要达到生态城市区域这一概念水平，需要符合一些生态基准，其中包括：分散式雨水管理和水资源循环利用、室外舒适度的改善、绿色植被覆盖率、水分蒸散作用的优化以及通过引入自然元素，提升生物的多样性等。如 DGNB 等一些基准系统已被建立并开发成为相对成熟的评分系统，作为生态城市区域的衡量标准。另外，即使作为资源保护型基础设施，也需要具备特定的主题以提升其品质。公共开放空间的社会文化性在城市区域的可持续发展之中扮演重要角色。众所周知，工程之中的硬质元素即使以生态的方式呈现，也不足以达成一种城市的持续成功的规划，与城市发展概念相关的人文生活领域的文化元素同样必不可缺。

4. 如何将水敏设计概念融入城市发展概念之中?

将水敏设计概念融入城市发展概念之中，对于满足未来智能化基础设施需求是十分必要的。要设计打造绿地、水系网络体系，在现有城市之中引入这些绿色鲜活的脉络结构，收集、整合地表之上可见且易于管理的雨水资源十分重要。街景和公园空间功能丰富，可作为重要的功能因素被整合进入水景基础设施之中。公园将设计各种动态、变幻的场地设施吸纳雨水，如湖泊、生态洼地和雨水滞留区，这些场所在干燥无水之时可以作为运动、休闲场地，而当大雨来临之时则充当了雨水滞留区。另外，靠近河流的公园区域应被特别加以重视，贴切的设计能够让人们与水亲近，伫立于此，人们可以享受独具魅力的欣赏城市天际线的辽阔视野。因此，这些场地因能够储存雨水而被定义为新型的雨水蓄积区。

河岸的边缘线条柔美，植被葱郁，生机勃勃的生态环境有助于河水自然生物系统的平衡，进行河水的自净。伸脚可入经生态修复的河岸区域，逐渐成为社区的宝贵资产以及休闲和社交中心。比如新加坡、天津等城市在水源保护方面已卓有成效。从 2005 年起，我们的团队在这些地区参与了多个项目的建设，采用全新的方式发展水敏城市发展的规划和设计方案。面对岌岌可危的整体环境状况，我们坚持超越实际设计任务范畴，悉心打造每一个项目（往往不小于 250ha），将其视为更宽广城市系统之中的重要组成部分。我们坚信每一个项目应当在更大的尺度上发挥积极的作用，同时为当地人们和环境保留区域特色。总而言之，从总体概念规划到施工阶段，我们应督促自己采纳并适应当地文化，思考公共开放空间和充满活力和热情水景的实际应用。

5. 水景设计和城市居民的日常生活之间有什么关系？

尊重城市的文化和社会特质，进行人性化尺度生态设计是德国戴水道设计公司的核心理念。像公园、河流廊道以及其他城市公共空间的设计，应满足越来越多的本质功能需求，为人们提供丰富多彩的生活体验。这样便为城市市民提供了以多样方式展示自己、参与多种活动的多功用场地。而社会的日益个性化也更加要求城市空间文化性和功能性的多元化。将自然元素和生物多样性重新植入城市之中，为市民亲身接触本土植物和野生生物提供了条件，使市民体会自然赋予人类的价值，增强市民对于自然进程的了解及其敏感程度的认识。我们愈发意识到，在我们项目场地（例如新建的健康水景环境）之中发生的各类社交活动正在为社会各阶层人们带来欢乐。公共空间应为每一代人留下难以磨灭的记忆，让他们能够走入青山绿水之中，与多样的动植物相互依存。

6. 景观设计师扮演什么样的角色作用?

如今，我们的职业明显不同于传统的角色定位，而是需要运用多学科交叉配合的工作模式打造大小规模高品质的城市景观。与建造基础设施的工程专家默契合作、全心地投入设计过程，这些都成为了在新、老城市之中将软质因素整合入硬质基础设施的关键。

在高密度、高速运转的城市之中，提升民众对于城市空间的兴趣、以保持社会稳定有序，打造富有美感、氛围友善的城市环境成为了关键的方面。景观设计师的使命就是创造人文城市、营造温馨友好的环境，人们出门可以找到休闲的场地，体会如度假般的感受，如此便有利于增强社区的连接性和社会凝聚力。便利、随意的休闲空间的设立也为鼓励邻里、朋友之间的沟通和私密交流提供了免费的场地。

「水景是能够改善建筑体验的一个元素」

普拉潘·纳帕翁蒂 (Prapan Napawongdee)

教育背景

泰国朱拉隆功大学 (Chulalongkorn University) 景观建筑专业学士学位。

从业经历

2000 年至 2007 年，在新加坡加达景观事务所 (Cicada Pte Ltd.) 任高级景观建筑师。

2007 年至今，在泰国 Shma 景观事务所任经理。

特别职务

朱拉隆功大学和泰国国立法政大学 (Thammasat University) 景观建筑系特约顾问、访问学者；

朱拉隆功大学水景工作室特约顾问。

研究项目

书城 —— 2050 年大城府超级漫滩 (展览与研究)。

1. 您公司设计的水景项目都很有特色，令人印象深刻。这其中主要应用了哪些技术？又是如何将这些技术与特定项目进行融合的？

我们主要采用简单的水泵和氯过滤系统，从而得到清洁的水源。这些设备通常安置于通风的井下，尽可能是隐蔽之地。如果水景规模不大的话，我们会选择可以置于水下的水泵，水泵完全隐藏在水景之中。

2. 在您看来，水景设计中最重要的是什么？

我们希望每个项目能有自己与众不同的水景，所以在设计过程中我们不会预先在头脑中设定画面。相反，水景的设计要表现整体的景观设计理念。

3. 设计水景时，哪些因素要特别注意？

水景设计是一个专业领域。设计过程涉及方方面面，各个环节要相互协调，比如机械工程师、水景专家、结构工程师等。

4. 您参与了很多杰出的水景设计。那么，您认为水景设计中最难的部分

是什么？您又是如何克服的呢？

水景的最终效果是很难预测的。最好能做出模型，看看能否达到预期的效果。

5. 您认为水景与建筑二者之间是什么关系？

水景是能够改善建筑体验的一个元素，包括空间体验和心理体验。水景能够让建筑环境的气温降低。而流水产生的声音，不论大小，总是在潜意识中令人向往。

6. 水景喷泉对于城市环境来说是否重要？喷泉是如何影响城市环境的？

非常重要。水景为公共空间带来活力。它将来自不同背景的人们吸引在一起，互动、交流。几个世纪以来，设计师不断探索、尝试公共空间中的喷泉设计，如今我们有大到湖泊小到射水喷泉的各种类型。随着社会进步，未来我们将有更新颖的喷泉设计，会让公众耳目一新。

7. 设计清莱中央广场（Central Chiang Rai）和盛诗里公寓（39 by Sansiri）这两个项目的时候，设计灵感或者设计理念是什么？

清莱中央广场的景观设计理念是充分表现周围山区的景色。我们根据当地特有的地貌设计了独特的地面铺装、座椅以及水景。阶梯瀑布的水景

与大自然融为一体。同时，瀑布作为背景，很好地衬托了表现花朵生命周期的五个雕塑。

盛诗里公寓的景观设计延伸到大堂周围的室内空间。由于空间上方有遮篷，所以不能种植任何植物。于是我们决定设置环绕大堂的水景。水景能营造静谧的氛围，同时，周围的美景倒映水中，将绿意引入室内。浅水池底部铺设高低起伏的花岗岩，趣味盎然，走近时可以观赏。

8. 在着手设计之前，是谁决定用哪种水景？客户还是您?

一般都是我们给客户建议，因为水景通常要跟整体景观设计风格一致。

9. 如果水景的预算十分有限，那么您会把钱花在哪方面呢？您如何让客户增加设计预算?

通常情况下预算都十分有限。水景是个昂贵的装置，设置在哪里才能取得最佳的观赏效果，这是我们必须深思熟虑的。

10. 室内水景和室外水景的设计有什么不同?

室外水景需要补充更多水，因为在户外阳光的照射下，水分蒸发很快。

11. 现在很多地方都缺乏干净的饮用水。许多国家都很关心水资源的问题。作为水景设计师，如何设计符合可持续发展、保护生态环境的水景?

现在很多项目开始考虑用雨水来补充水景用水。我们也鼓励应用“雨水花园”，即在渗入地下之前先将雨水暂时储存起来。

centralpla
ROBINSON

「喷泉设计是一项有趣的工作」

斯黛芬·洛尔卡（Stephane Llorca）

1966 年加盟 JML 水景设计咨询公司，在巴黎工作室工作。

2001 年负责 JML 公司的国际事务，在西班牙建立了 JML 巴塞罗那工作室。

参与了巴塞罗那的多个重大水景工程，如：与赫尔佐格 & 德·梅隆建筑事务所（Herzog & de Meuron Architects）合作设计的马德里的当代艺术博物馆（CaixaForum Museum）、与伊东丰雄建筑事务所（Toyo Ito Architects）合作设计的巴塞罗那博览会以及 2008 年萨拉戈萨世博会。斯黛芬·洛尔卡现任经理，负责主持多个国际项目，如澳大利亚珀斯滨水景观、北京 SOHO 银河水景等。

1. 您公司的作品主要针对城市区域的水元素设计。请您选取一些城市水景项目来阐释您使用水元素的设计方法。

水元素对于景观设计具有一种独特的装饰作用。人们喜欢和喷泉互动，喷泉能够影响人们的行为方式、体验方式。而且，喷泉对行人往来也有影响，它会影响整个空间给人带来的感受。比如说，“旱喷泉”（也就是没有水池的喷泉）容易让人与喷泉产生互动。人们看到这样的喷泉就会产生一种跃跃欲试的参与感，不知不觉中，在欣赏美景的同时度过一段愉快的时光。另一方面，比较安静的环境需要能够制造一点噪声的水景，水声淙淙，静中有动，这样的环境更适合安静地休憩。

我们公司的工作就是与景观建筑师合作。只有双方通力协作，才能规划出某个项目最适合什么样的水景。通过与设计理念小组进行充分的讨论，我们才能理解客户真正的需求。

这种设计方式可以以波尔多的“镜池”为例来解释。在这个项目中，我们的设计目标是营造一种活泼、欢乐的氛围，希望人们在这里能和家人、朋友一起度过一段快乐的时光。我们与负责这个项目的景观建筑师米歇尔·科拉茹（Michel Corajoud）讨论的结果是：打造一个开放式空间，开阔的空间会让交易所广场上的建筑更显宏伟。

2. 您公司设计的北京 SOHO 银河包含 10 个特色水景。这其中主要应用了哪些技术？又是如何将这些技术与此项目进行融合的？

客户原本没想做水景，因为冬天气温低于 0 度的时候，喷泉就得清理。而我们设计的浅水层喷泉，只需几分钟就能完成清理，非常方便，清理之后，人们可以照常在浅水层上走动。此外，这一设计很好地衬托了扎哈·哈迪德现代而又瑰丽的建筑。也就是说，建筑倒映在池中，视觉效果成倍扩大了。另外，我们的水景极具现代感，让人忍不住参与其中。跳跃的喷泉给空间带来活力，使这处水景成为整个 SOHO 银河极具魅力的一个景点。

3. 在您看来，水景设计中最重要的是什么?

水景必须与建筑环境相融合。水景与建筑必须使用同样的设计原则，体现同样的设计语言。必须与景观建筑师很好地合作，共同处理设计中每一个细节，以便确保喷泉能够与周围环境完美融合。另外，正确理解客户的需求和喷泉的功用也很重要。喷泉一定要有它存在的道理，它对于营造周围环境的氛围起到重要作用。这就是为什么我们要将声音等因素考虑在内。

4. 设计水景时，哪些因素要特别注意?

水景的后期维护和清理是人们常常忽视的因素。每个喷泉都需要一定量的维护工作，以便确保喷泉能够正常运行，也确保行人与之互动时的人身安全。防水也是需要注意的一个方面，每个细节都应该详细讨论。喷泉的美观需要由无可挑剔的技术来保障，必须确保长远的使用。

5. 您参与了很多杰出的水景设计。那么，您认为水景设计中最难的部分是什么? 您又是如何克服呢?

喷泉设计是一项有趣的工作，它在有限的空间内汇集了许多技术与建筑手段，比如结构、供电、涂料、混凝土等。将这些组成部分协调在一起是最基本的，而优秀的设计需要对全部这些因素作周全的考虑。喷泉属于装置艺术，所以施工需要具备一定技巧。施工中最细微的失误也可能导致严重的错误，有可能偏离设计理念，这会影响到喷泉整体的美感。

6. 水景喷泉对于城市环境来说是否重要? 喷泉是如何影响城市环境的?

当然重要。一个城市是否具有吸引力，水景是关键。水景能衬托城市中的建筑，也能影响公众的幸福感。这样的工作对象决定了我们的工作是一个不断学习的过程。根据设计的不同，水景可以是神秘莫测的，可以是安宁祥和的，也可以是趣味盎然的。从罗马时代开始人们就知道水对于城市的重要性，那时候人们就已经将水用于多种用途：水工建筑、文化娱乐、卫生保健，等等。那时候，水是人们娱乐的重要元素，也是降温制冷的手段。水与植被相结合，就形成了古代的空气调节措施，那是当时人们对付炎炎夏日的重要方式。

7. 您在设计北京SOHO银河水景时，设计灵感或者说设计理念从何而来?

设计理念来自扎哈·哈迪德和她的团队。我们设计的喷泉在体现建筑细部曲线的同时，又为建筑增加了水景效果。这一理念具有现代感，也非常吸引眼球。

8. 将“水”变为“水景”，设计时有哪些原则要遵守?

水景设计涵盖的范围越来越大了。水只是其中一个元素，与照明、显示屏等现代技术手段（如最新的跟踪摄像）相结合。这种结合趣味无穷，各种设计理念和手法可以大展拳脚。应用这些科技让我们改变了工作方式。我们的项目越来越复杂，需要越来越多的技术。我们与艺术家、音响顾问、布景师、工程师等合作，共同改善我们的设计，开发新技术，不断提高我们的竞争力。

9. 现在很多地方都缺乏干净的饮用水。许多国家都很关心水资源的问题。作为水景设计师，如何设计符合可持续发展、保护生态环境的水景?

确实如此。现在人们越来越重视可持续发展的理念。我们也在设计中做出了相应调整。我们使设计尽量符合环保理念，尽量减少水资源和能源的消耗。另外，我们与专家合作，在喷泉过滤和清理设计中广泛应用节水装置。

10. 在着手设计之前，是谁决定用哪种水景？客户、景观建筑师还是您?

我们共同决定。我们的设计团队具有独特的创造力和全面的工程技术，所以客户往往会向我们咨询。通过从不同的角度来考虑，最终决定用哪种水景。我们在设计中通力协作，包括建筑设计团队和工程中涉及的所有其他领域。在水景的理念设计阶段，我们协助建筑设计团队，让水景符合整体设计理念。另外，根据不同的工程，我们要与各个领域的团队合作，可能面临各种各样的问题。客户、景观建筑师或者设计团队都有可能决定采用哪种水景。JML 的设计师起到主导作用，将各方意见进行综合，最终目的是让客户满意、让公众满意。我们无穷的创造力让我们能够不断尝试新的理念，并且能够确保这些理念实施之后长远的使用效果。

11. 室内水景和室外水景的设计有什么不同?

设计手法完全不同。室内水景需要考虑水的喷溅问题，应该尽量避免。每个喷水设施都应该在严格的控制之下。室内水景的声音也需要控制。我们要为公众打造安静、舒适的环境。比如，室内的背景瀑布会产生较大的噪声，在有限的空间内这种噪声会被放大，比如酒店大堂。而室外水景设计在喷溅和声音的控制上就比较自由。

12. 您对其他水景设计师有什么建议吗?

创新。水是一种极具魅力的元素，在设计中能够带给我们无穷的可能性，我们唯一要做的就是向它致敬。

「没有水的地方就没有风景」

大卫·哈瑟利（David Hatherly）

澳大利亚景观设计师协会昆士兰分会副主席。

教育背景

澳大利亚昆士兰科技大学景观建筑学专业研究生学位。

澳大利亚昆士兰科技大学建筑环境学（景观建筑）专业本科学位。

Vee 景观设计事务所（Vee Design）由大卫·哈瑟利成立于 2005 年，最初用名 EA 设计集团(EA Design Group)。凭借在景观规划和设计领域的丰富经验和熟练技能，Vee 景观设计事务所致力于为客户提供卓越的设计和个性化的服务。

1. 您的作品罗泽尔多曼·斯普林菲尔德镇中心公园为您赢得了美国园林建筑师学会国家景观建筑奖。你能告诉我一些关于这个项目的设计理念吗?包括哪些挑战?你如何战胜这些困难的?

这个公园坐落于新斯普菲尔德镇的中心商业区。罗泽尔多曼的特色在于拥有城市公园里的各式各样的迷人空间和设施。这个公园建造的目的是成为斯普林菲尔德镇的中心灵魂，吸引大量的游客。公园其中一个主要的目标就是提供给斯普林菲尔德和伊普斯威奇社区大量的娱乐项目和设施。

这些项目和设施要充满乐趣，与众不同且与城镇中心公园的身份相符。

这其中的一些挑战主要是在曾经的洪涝之地上开发，要保存好原有的树木，并且要对付斯普林菲尔德严峻的环境。所有这些问题都需要进行谨慎的设计，并与承包人协作。我们设计出小路和城市元素，这样他们就不会打破原来树周围的地形，我们把价值高昂的资产保留于预计洪水线之上。

2. 在开始这项巨大的占地 20 公顷的娱乐公园项目之前，你都做了哪些研究和调查?

我们对其他国家和国际上与罗泽尔多曼地形特征相符的公园进行了大量的调查，与客户和主要的项目人绘制了所有的可能与限制，确定一套适宜的设施。

3. 罗泽尔多曼这个项目中，你保留了许多原有的植物，尽少的改造原有地势。你是如何保持这两种之间的平衡，既要满足设计需要，又要最大化保护该地原有的自然特征?

设计的欲望需要对该地原有的自然属性负责。我们不希望打乱原来的秩序去改变它们，但是我们根据这里的地势寻找适合的机会来设计这些，因此，设计后的空间既具备功能性，又能保持原来自然的舒适度。这是有机环境和建造环境之间的平衡，达到社会意义上的交流空间。

4. 罗泽尔多曼这个项目中包含了哪些可持续方案?

许多水路和滨水特征将吸取公园附近的未来建筑处理用水。

5．就景观建筑来说，可持续性不仅仅关于生态环境，还与历史、文化等的可持续性有关。你能举例解释你对此的想法吗?

斯普林菲尔德相对来说是比较新的城镇，然而，伊普斯威奇历史丰富，我们想要将这个公园建成伊普斯威奇，甚至更远区域的目的地。活动场所是设计中的重要因素，这里可以举行节日和文化庆祝活动。尊重原有的伊普斯威奇文化，又要为斯普林菲尔德这个新的现代城市迎接未来科技是我们的主要目标。

6. 水在罗泽尔多曼这个项目中扮演了一个至关重要的角色。中国有句俗语叫作，“没有水的地方就没有风景”。 请问作为一名景观设计师，你是

怎么看待水的?

我们把水看成是一个审美元素，也是游戏中至关重要的元素。水为开发性游戏提供了一个平台，能调动人的各种感官，是非常有意义的经历。

7. 罗泽尔多曼项目的照明设计太美妙了。你能多谈谈它吗? 你如何为一个具体的项目选择材料和植物?

我们与照明设计师专家们紧密合作，希望在夜晚提供给游客们一个与众不同的体验。社区里的活动草坪上的七个照明灯塔在每个夜晚都提供光亮，并为社区活动提供各种音响效果。

我们选择适合该地环境的植物和材料，斯普林菲尔德的环境恶劣，我们选择的植物大都是本地的，也有些外来植物，突显出城市区域。

8. 你认为一个好的景观设计项目最重要的特征是什么?

具有社会意义的可用空间，天衣无缝地将设计与原来的自然环境相结合，同时将自然价值最大化地展现出来。

9. 你认为一名优秀的景观设计师需要具备哪些最重要的品质?

一名优秀的景观设计师需要具备解决景观设计中遇到问题的能力，除了审美，原创，与自然的和谐相处外，还要提供功能性方案。

图书在版编目（CIP）数据

听，造景者说 / 《景观实录》编辑部编；李婵译
. -- 沈阳：辽宁科学技术出版社，2016.5
ISBN 978-7-5381-9739-6
Ⅰ. ①听… Ⅱ. ①景… ②李… Ⅲ. ①景观设计 Ⅳ. ① TU986.2

中国版本图书馆 CIP 数据核字 (2016) 第 047997 号

出版发行：辽宁科学技术出版社
（地址：沈阳市和平区十一纬路 29 号 邮编：110003）
印 刷 者：辽宁新华印务有限公司
经 销 者：各地新华书店
幅面尺寸：148mm × 210mm
印　　张：8.5
字　　数：10 千字
印　　数：1 ~ 3000
出版时间：2016 年 5 月第 1 版
印刷时间：2016 年 5 月第 1 次印刷
责任编辑：杜丙旭 殷文文
封面设计：周　洁
版式设计：周　洁
责任校对：周　文

书　　号：ISBN 978-7-5381-9739-6
定　　价：68.00 元

联系电话：024-23284360
邮购热线：024-23284502
http://www.lnkj.com.cn